U0215332

到花园去
一份来自世界 25 座花园的邀约

Go to the Garden:
A World Garden Tour

蔡丸子——著

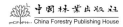
中国林业出版社
China Forestry Publishing House

三联
中读

园圃之乐：梦想的邀请
The Joy of Gardening: An Invitation to Dream

我有一座花园，我喜欢旅行，于是我成为一名花园旅行家——以花园为目的地的旅行者。我也是一名园艺作家，写过很多本有关花园和旅行的书籍，所以经常有读者会好奇地问我：从什么时候开始喜欢花园的？是如何成为一名园艺作家的？我都会毫不犹豫地回答：从小就喜欢花园，没有刻意去"成为"，而是水到渠成、自然而然。我喜欢每一朵鲜花，每一株绿草；我热爱它们在花园中有机的组合，形成一个又一个姹紫嫣红的世界。

在我看来，喜欢和热爱是有区别的。喜欢是浅浅的，而热爱是更深层次的、来自灵魂深处的。热爱到极致，你就会对自己喜爱的事物有一种使命感，花园于我就是如此。我希望能传递花园之美给更多读者，希望能给大家分享我的思考：什么是美丽的花园？我们，离美丽花园还有多远？

我小时候喜欢花花草草，成年后喜欢旅行。最初只是走马观花式地旅游，去看那些普罗大众喜欢的著名景点。在我有了自己的花园后，就很关注其他人、其他地方的花园，想看一看别人的花园是什么样，他们都种了哪些植物？特别漂亮的，我也可以种在自己的花园里。别人是如何设计花园的？哪些是我可以借鉴到自己花园里的？于是在旅行中拜访那些美丽的花园，就成了我的重要目的。

很多和我一样喜欢花园的朋友也很想一起去看花园，所以我就把这些花园"景点"连缀成一条一条的旅行线路，设计成了大家可以报名参加的"世界花园之旅"。从 2012 年起，每年我都会发布一系列最新的花园旅行线路。我会选择那些著名的公园、植物园，也会选择不太知名、却有着美丽花园的地方，比如鲜花小镇、花园城市，还有花园般体验的酒店、住宿等。拜访内容不局限于花园，不为人知的自然风景也是我关注的重点——因为花园正是向自然致敬的艺术方式，我们当然应该更多回归大美的自然，从中汲取绚丽美好的能量。当然，花园旅行还会包含浪漫的花园下午茶，还会逛当地的市集，享用地道的花园美食，还有探索花园背后的历史、文化等各种独特的体验。

我形容一座花园最高的评价就是"清澈"。清澈是指花园清爽不杂乱，是一种植物与空间的平衡之感，既有自然之美又兼顾着设计之精妙。清澈感传递着花园和主人的气质，代表着花园架构的整洁和运用植物的克制，展示着主人交织的理性和感性。每一座花园背后都会有很多故事，这是我在世界花园之旅中热衷了解的。

花园，它不仅是一种生活方式，也是一个看世界的视角，用以欣赏、诠释旅行目的地的一个角度——我非常擅长用花园的视角来解析一个目的地。

那么，我们为什么会喜欢花园，会乐于去拜访花园呢？

我的花友们纷纷给出了他们的回答："因为花园美好，而我们向往美好的事物。""因为热爱生活、热爱自然，拜访花园可以给浮躁的心灵安一个静怡、唯美而温馨的家。"他们还说："因为心是一片田，要种下美好！""因为和大自然、和植物花草相处的时候，会觉得很舒服、心安。"是的，无论是谁，看到花朵心情总会很好，在花园里，播下一颗种子，付出时间和劳动，就会有所收获。在花园里，你能安静下来感受大自然的生长，聆听自己的心声，是一件很快乐的事。

那么，可能你不会问"什么是花园？"因为好像这个问题太简单了。

花园是什么？是人们用花草植物来模拟自然的艺术空间，是人们美好生活的一种方式——花园中的每个空间都是对梦想的邀请。花开之时，无论是谁，看到花朵盛开总会是欢欣愉悦的。在我心中："花园"和"庭院"的气质是不同的。花园一词是自然的、开放的，它更明媚、更自由。它的欢颜尽情绽放给路人、分享给友人；庭院一词则是含蓄的、内敛的，它相对封闭、低调，是主人内心的独白，也是享受安宁的绿洲。

鲜花盛开的地方就是花园吗？怎么样才称得上是一座花园？

花园由人而创作，也在为人而服务。一片开满鲜花的荒野不是花园，那是自然本身；但如果其间有了人的影子：比如一座冷静的凉亭、一条蜿蜒的小路、一把休憩的椅子……就有了主人或设计师的信息，它们不仅能传递主人的思想理念，也似乎在用花草代替他们的心声：请进，快请进吧！热爱花园，去发现花园并享受花园吧！

蔡丸子
2024 年 6 月

目 录

园圃之乐：梦想的邀请

🌱 花园的风格   1

上篇　花园之道   7

🕊 第一章　花园的馈赠   8

加拿大维多利亚：布查特花园——花园取悦谁   11

美国加州湾区：甘博花园——乐观的景观   23

美国旧金山：旧金山公交车站花园——漂浮的绿洲   33

美国旧金山：隧顶公园——从要塞堡垒到花园   43

美国洛杉矶：阿灵顿花园——花园还是公园？   53

美国洛杉矶：德斯康索花园——山茶的宇宙   61

英国伦敦：公园里的伦敦——城市文化的绿窗   69

美国洛杉矶：亨廷顿图书馆花园——流芳之香   81

🪷 第二章　花园的理念   90

奥地利因斯布鲁克：施华洛世奇水晶花园——璀璨之境   93

美国纳帕山谷：

滨菊源园——育种大师卢瑟·伯班克的实验花园   101

美国旧金山：马赛克楼梯花园——拾阶的艺术   111

下篇 花园之术 115

第三章 花园与城堡 116

比利时：HEX 城堡——花园的魔力 119

比利时：鲜花城堡 & 蔺草城堡——以花之名 127

丹麦：橡树林城堡——永固的城堡，不朽的园林 135

瑞士琉森：绣球城堡梅根宏——湖光山色抒传奇 147

瑞士莫尔日：威耶宏城堡——鸢尾的王国 155

法国布列塔尼：芭绿城堡花园——一封旅行的邀请函 161

法国卢瓦尔：卢瓦尔河谷城堡花园之旅 169

第四章 花园与岛屿 178

瑞士提契诺州：布里萨戈岛屿花园——从荒岛到漂浮的花园 181

德国博登湖：美瑙花之岛——所爱隔山海 187

第五章 花园与酒店、民宿、酒庄 196

瑞士圣加仑：瓦特阁酒店花园——动力有机中的花园和菜园 199

比利时布鲁日：玫瑰民宿——绿荫深处的浪漫花园 207

中国北京：密云云峰山——从薰衣草庄园到童话树屋 213

荷兰格罗宁根：王子酒店花园——鹅耳枥之碗 221

澳大利亚：西澳的酒庄花园——红酒花园之路 225

花园的风格
The Style of Gardens

一座美的花园是什么样的？

对于美，人类有一部分认知是共通的。让你看起来赏心悦目、舒畅愉悦的花园就是美。但它没有一个统一的标准，你的审美水平和看事物的角度决定了看到美的程度和层面。其实，每个人心中都有一座美好的花园——它们不尽相同，但也有着共通之处。这些不同之处的美，就是花园的风格所在。

我拜访过很多国家，探索过很多座花园，这很特别，似乎很少有人这么做。所以经常有媒体采访我的时候，都会问到一个问题，那就是请我简单介绍下各国花园的风格特点。实际上这并非一两句话就能讲清楚的，这个问题很大，也不容易回答。随着全球经济和文化的各种交融，花园也一样，很难直接回答说：法国的花园就是规则的宫廷秩序体现、英国花园都是崇尚自然风、意大利的花园是台地式的、日本的花园中都有耙出波纹的沙砾代表天地万物、中国的庭院里一定有假山叠石意指山川河流……这些特点其实都是各国传统园林的重要元素体现，但在如今这个时光流转、变化迅捷的时代中，各种花园风格都在相互渗透、彼此交融。

风格就是我们表达理念、综合各类素材（包括植物）构筑成花园的方式。它们有的是风靡一时的时尚，有的则代表着当时花园设计的主要动向。英国著名的景观设计师克里斯·杨在他撰写的《花园设计百科全书》中，将花园的风格分为规整式风格、农舍风格、地中海风格、现代派风格和日式风格等。他也特意提到了"融合花园"——这样风格的花园其实在现在越来越流行。我觉得，对于普通读者而言，花园风格可以更简单地分为现代和传统两大风格。

现代风格的设计中包括城市花园，它更强调设计感，其现代感十足而且风格简约，对植物的搭配有更大的包容性，后期维护也相对简单。我们可以把城市写字楼下、路边的街心公园这类设计都看成代表，比如北京的奥林匹克森林公园就是很具代表性的城市花园。

现在很常用的一种分类"概念花园"则是另一种现代派，或者说是未来派。花园能在很多大型公众场所、公共广场看到；以艺术品和雕塑装置的融合为特点，富有想象力。在有些花园中，植物和人造材料一起使用，但概念花园中，花草素材退居二线，甚至完全被忽略，人造的硬质景观材料组成了整座花园。法国卢瓦尔河谷的肖蒙城堡国际花园节中，这类花园设计是展现最多的。

2010 年英国的汉普顿花展中，有一座特别的玫红色展示花园令我印象最为深刻：在缤纷的花圃中，除了运用大量粉色、紫色的花草及粉色的背景墙外，还设计着一只巨大的、悬空的粉红色水龙头，从天而降一般，无尽的水哗啦啦地从龙头中流出。十多年过去了，这只水龙头还流淌在我脑海中。

这座花园的名字叫作"紧急事件（A Matter of Urgency）"。一方面这个飘浮空中的粉色龙头设计非常独特新颖，令人耳目一新，有着夸张的视觉效果、又具备相当的趣味性，它看起来好像是从天而降的无源之水。另一方面，这哗哗而下的水景也是一种隐喻——这座花园的赞助商是英国的安斯泰来制药有限公司，设计旨在提高人们对于"膀胱过度活动症"（overactive bladder，OAB）的认识。这种疾病困扰着英国50岁以上人口的1/5，导致人经常在夜间或白天频繁上厕所，并可能导致失禁。因为它并不是衰老的必然过程，所以出现这样症状的人可以向医疗保健专业人员寻求帮助。设计师希望通过这个设计，向人们传递保护膀胱健康的重要性。为了表达OAB症状的紧迫感和给患者带来的沮丧，设计师基尔·佛克斯利还设计了一条长而曲折的道路，并镶嵌着闪闪发光的玻璃砖，引导人们前往神奇的悬浮龙头处。

你看，这座意味深长的花园说明各行各业的理念都可以融合在一座花园中。实际上，在英国的切尔西花展、汉普顿花展中，很多金融行业、各类协会，很多听起来和园艺完全无关的企业巨头都会成为展示花园的赞助商。它们一方面通过这样的国际花展来提升自己的品牌形象，另一方面也可以将自己产品或服务的理念体现在花园中。

花园传统风格中还可以囊括中式庭园、日式庭园、地中海风格花园、乡村花园等。这里最值得一提的是各国各种自然风洋溢的乡村花园，这可能是久居都市的人们向往的"诗与远方"。德国的花园设计师奥利弗·基普，在他撰写的《乡村花园设计》中表示：乡村花园风格是和人们的田园梦联系在一起的。他觉得"田园诗"这个词是乡村花园的灵魂，风格自然是最重要的。基普把乡村花园又分成了三种类型：严谨而传统的规整式乡村花园、花草繁茂的英国村舍花园、亲近自然的原生态乡村花园。

我没有把这种花园叫作农村花园，是因为"乡村"二字过滤了现实中农村生活的辛苦劳作，而升华了其中质朴纯净、美好快乐的部分。也表达了人们模拟简单的乡村生活，并乐此不疲。

以上提及了好几种主流的花园风格，但其实在我们身边的现代私家花园中，你也许会看到各种风格的混搭、交叉和融合。比如日本北海道曾经是那么偏远的"北国"，但我拜访过的上野农园就是一个典型的欧风花园案例。女主人上野砂由纪是日本著名的花园设计师，她酷爱英国园艺，特意跑到英国去精修花园设计，回到家乡后她开始改造自己家的农场。这里最初只是种植着稻米，早年日本的稻米不能卖给私人，只能由国家收购，后来经过改革，个人也能直接到农场购买。为了吸引顾客，上野家就在稻田周围种上漂亮的花草，来农场的客人们看到都很高兴。上野砂由纪继续努力，将稻田开辟出来一大块直接改造成了英式风格的花园，并对外开放。她的花园里，种植着很多英国乡村花园中常见的植物，比如：鲁冰花、蜀葵、各种古典玫瑰、福禄考……同时，她也加入了一些北海道本土的野生草，驯化为花园里的观赏草。改造农场成为花园后，上野女士就成为出色的花园设计师，她的设计作品还包括著名的"风之花园"，位于富良野王子酒店，也是非常浓郁的英国花园风格。

上野女士驯化北海道常见野草为花园所用，其实这种观赏草的理念来自于美国的现代景观设计。20世纪80年代，美国景观设计师詹姆士·凡·斯韦登提出了新美国花园的设计理念，他说："花园一定要被设计得服服帖帖、规规矩矩，没有一点自由吗？我们'新美国花园'的'新'就像美国的'新'一样，充满活力，大胆无畏，把人工和自然生动地融合在一起。"

而现在在我国很多城市的高端别墅项目中，设计师们竭力模仿北美和欧洲的景观风格。最近十年，日式和新中式逐渐成了高端景观的代名词，造价也是不菲。景观设计师们不断从苏州园林中汲取代表性元素，以现代简约风格予以设计和包装，把它叫作"新中式主义"。在这类花园中，你会看到古老的磨盘、瓦当、青砖黑瓦都有了令人耳目一新的使用方法。

所以，无论什么时代，你都可以看到花园的风格，其实是你中有我，我中有你的。我在温哥华范度森植物园中也可以看到日式庭园，它作为一种文化输出出现在这里，但和周围环境完美融合，一点也不突兀。美国的亨廷顿花园中，中式的流芳园和日式花园都是它们的亮点；英国的威斯利花园中的中国亭子叫作蝶恋亭，是中国的一家景观设计公司送给英国公园的礼物；而更早的时代，西方对中国花园的好奇和向往可以体现在英国皇家植物园邱园的中国宝塔上——这座建于1762年、模仿南京大报恩寺琉璃塔的复制宝塔共10层，约50米，是当时英国最高的建筑。

这座偶数层的中国宝塔高耸在清澈草坪背景之中的时候，你会觉得也非常合拍。而大面积的草坪——这是从西方传来的景观，已经出现在我国各处了，我们也已经习以为常、熟视无睹啦。在中国传统园林中是没有草坪这种景观的。草坪最早起源于古希腊和古罗马时代，是由自然生长的草地演变而来的，并非特意培育，当时是作为一种奢华和社会地位的象征。之后随着时代发展，草坪也逐渐演变，变得设计和维护更加精心。更加平整的绿茵草坪用于休闲活动，还成为聚会和盛大活动的场所。如果你去欧美旅行，会被各类宽阔绵延的草坪风景所吸引，这些都是西方草坪文化的呈现。随着城市化的发展，草坪成为现代城市和郊区景观的一部分，而且逐渐得到普及，我国的公园和绿地也顺理成章引进了这种景观，草坪于是成为世界的景观符号。可见，不同国家的花园元素都能成为一种符号，它们可以出现在各个场景中，彼此融合。

无论哪种风格，和谐是衡量花园是否美丽的唯一标准——植物与周围环境、与所围绕建筑之间的和谐，植物与植物彼此搭配交织的和谐，植物与人（天地万物）的和谐。这座花园看起来很舒服，就是一座好花园，无论它是什么风格。

　　这个世界充斥着无数的风格，你可能喜欢的不只有一种风格。你喜欢蓝色，蓝色就是你的风格；你喜欢自然，自然就是你的风格；你喜欢荒漠，荒漠就是你的风格。努力去拥有最适合自己心意的和谐花园或庭院，从心、从情，就是你的风格。

上篇 花园之道

The Way of the Garden

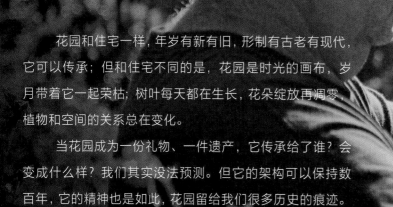

花园和住宅一样，年岁有新有旧，形制有古老有现代，它可以传承；但和住宅不同的是，花园是时光的画布，岁月带着它一起荣枯；树叶每天都在生长，花朵绽放再凋零，植物和空间的关系总在变化。

当花园成为一份礼物、一件遗产，它传承给了谁？会变成什么样？我们其实没法预测。但它的架构可以保持数百年，它的精神也是如此，花园留给我们很多历史的痕迹。加拿大布查特花园曾经是一片荒芜的石灰石矿坑，主人把宅传承给了孙子的孙子的孙子。加州湾区的甘博花园、洛杉矶的阿灵顿花园没有继承人，于是馈赠给了社区；邻居们换了一批又一批，桃花依旧笑春风。旧金山繁忙杂乱的公交场站，改造后献给了这座城市一座空中花园。时光变迁，完成了使命的坚固堡垒，也能面朝大海春暖花开。

其实所有的花园都是我们献给自然、献给人世间的一份珍贵礼物，它用独特的美丽唤起人们对大自然慷慨的感谢之情。

第一章
花园的馈赠
The Gifts of the Garden

布查特花园——花园取悦谁
Butchart Gardens—Who does the Garden Please?

　　布查特花园，几乎是加拿大花园的代名词，被誉为全球最美的私家花园之一。世界各国的各类媒体都从各个角度对它进行介绍和赞美。这座花园每年吸引着数百万游客前往拜访，我也是其中之一，可谁能想到，它的前身竟是一座寸草皆无的石灰矿。

🔍　　石灰矿　修复　下沉花园

石灰矿的花开梦想

Butchart Gardens 之前被译作宝翠花园，这个译名听起来珠光宝气。其中文官网译为布查特花园，并特别强调：花园今天的一切，都始于一位女性的远见与热忱。这位女士就是布查特夫人。从花园开始建设，主人夫妇就欢迎大家来到这里，分享他们引以为傲的花园。

布查特花园位于加拿大不列颠哥伦比亚省（简称 BC 省）维多利亚市，从温哥华过去要坐轮渡。几乎来温哥华旅行的人都会来这座花园游玩。这是一座私家展示花园，最早只是一个废弃的矿坑，经过 4 代人的辛勤努力，用 120 年的时间，不断扩大、打磨，目前花园占地335 亩，包括日式庭院、下沉花园、玫瑰花园、意大利花园以及地中海式花园共五个花园展区。

1888 年，年轻的罗伯特·皮姆·布查特（Robert Pim Butchart）在安大略省从事硅酸盐水泥的生产制造。1902 年他来到维多利亚寻找石灰石采矿场，两年后他和妻子珍妮（Jennie Butchart）买下了温哥华北部托特湾附近的这处采石场。随着西海岸的城市发展，从旧金山到西雅图对水泥的需求都在不断增加，财富也滚滚而来，夫妇二人积累了大笔的财富。

布查特夫妇在庄园里建造了一座令人印象深刻、舒适的住宅，尽管珍妮尽了最大努力，但她那些优雅的维多利亚式家具上每天仍然积满了灰尘。不过她并没有抱怨。她本人就是一名化学家，如果没有灰尘，就不可能开采石灰石。

又过了两年，1908 年，这里的石灰石开采殆尽，留下 20 余米深的巨大矿坑。面对这废弃矿坑和一片狼藉的矿场，布查特夫人感到惴惴不安，为了柔化日益庞大和丑陋的采石场，珍妮开始在房子和场地周围种植花卉和灌木。不过那时她还对园艺一窍不通，朋友送她一些豌豆种子和玫瑰花，起初她在自己住宅旁种植这些花草，随着鲜花的绽

放和绿树的萌发，她充满艺术气息的内心深处萌生了要在废矿坑上建立花园的梦想——她想为家人和自己的子孙后代改造这片土地。于是在丈夫的支持下，他们一起平整废矿坑，从附近的农田里用马车拉来一车车沃土，再分别种上各种各样的花卉植物，矿坑的斜壁上也没有被遗忘，布查特夫人亲自将常春藤塞进岩石中任何一个敞开的缝隙中，这样可以掩盖山石的裸露。花园正中间的石灰岩，成为可以俯瞰下沉花园、远眺森林的瞭望台。他们还在更深的矿坑里清理水体，将之建成

花园的池塘，这样一步一步，先后建成了 5 个花园。1905 年，布查德夫妇聘请了一个日本景观设计师建造了日本庭园，这项浩大的工程历时 10 多年，于 1921 年竣工。但花园梦想没有就此停止，主人一直都在不断丰富它。1926 年，主人将网球场改建为一座意大利花园。1929年，一座大型玫瑰园取代此前的厨房花园。布查特花园折射着文艺复兴时期和英国工美运动的光彩。

布查特先生非常支持夫人的花园改造，当布查特夫人收集植物时，

他则在收集来自世界各地的观赏鸟类。家里有一只脾气暴躁的鹦鹉，星池[1]里有闲散的鸭子，前草坪上有吵闹的孔雀。他为花园建造了几座精致的鸟舍，并在现在的海棠亭遗址上训练了鸽子。

慢慢地，这个原本枯竭的废弃采石场华丽转身，在主人夫妇的呵护和时光的雕琢中，不断生长，绿色的枝叶覆盖了难看的矿坑，最终成为了一座美丽的花园，布查特夫人实现了自己的梦想，并将这花开的梦想分享给了更多人。

布查特夫妇将他们的住所命名为Benvenuto，意大利语为"欢迎"，并开始接待参观花园的游客。他们会为所有来宾——邀请的或是非邀请的，都提供茶水，一直持续到人数庞大到不可能提供为止。据说在1915年一年，花园就为人们提供了18000杯茶水，有时候布查特夫人珍妮会亲自为客人泡茶，以至于有客人以为她是侍者，还时不时会收到来访者的小费。珍妮不仅欢迎

她的朋友来花园，对其他游客也非常慷慨。成千上万的人被珍妮的花园所吸引。为了表彰她的慷慨大方，1930年，珍妮——布查特花园的女主人被评为维多利亚市最佳公民。

再之后，罗伯特和珍妮年迈时，他们在1939年孙子罗伯特·伊恩·罗斯21岁生日时将花园送给了他，之后由他全权管理。经过他的辛勤努力，布查特花园成为了世界著名的园艺奇迹，并成为世界最大的私人花园之一。无论是它的历史故事，还是主人的格局、花园的规划和美丽程度，都堪与美国东部的长木花园媲美。这两座花园代表着北美一东一西两枚珍宝。

2024年，布查特花园已经成立120周年了。工作人员进行了一系列的花园重整工作。整座花园共50位专职或兼职人员，培养超过百万株花坛植物，700多个不同品种，这些都是为了确保每年3～10月不间断盛开。百年诞辰之际，布查特花园还被列入加拿大国家历史古迹。

注：【1】 位于意大利花园和日本花园之间的"星池"（star pond）就是罗伯特·布查特先生于1928年设计的，他最初将其称为"鸭池"。因为他和珍妮在欧洲旅行的时候参观了一座花园，看到一个被柏树环绕的鸭池后，萌生了这个设计方案。罗伯特对这个鸭池很自豪，因为他养了不少种漂亮的鸭子在里面呢！

▲ 下沉花园是布查特花园最为经典、最受欢迎和关注的花园。这里也是布查特夫人最喜欢的花园，体现着她的审美情趣和对大自然的热爱，也承载了布查特家族的百年历史

▲ 美观的格栅和廊架为花园增添结构和形式感，同时也营造温馨的氛围

清澈的草坪与灿烂的花境是西方花园的标配，
它们互相搭配，可创造出更加丰富多彩的视觉效果

▲ 草坪在花园中扮演着重要的角色，提供休闲空间、净化空气、吸收热量、降低周围的温度，还带来更多美学效果：简洁明快的线条可以衬托花园中其他景物的特色、带来宁静祥和的背景、为花园的种植留白等

花园取悦谁？

从进门处你就能感受到这座国际化的大花园气派，巨大的停车场，数十辆大巴车载着世界各地的游客们前来拜访。门口有落落大方的游客中心，并在柜台上展示着此时此刻花园中正值花期的各种花草，以及它们的名字。如果你有问题可以随时咨询里面的工作人员，包括专业的植物知识，他们都非常热情地予以解答。

布查特花园最著名的就是那座下沉花园（sunken garden）。从入口往下俯拍的那张图片经典之至，即使你还没有去过布查特花园，但一定在哪里看到过这个场景。这里就是当年的那个矿坑遗址。当年这里是已经枯竭的采石场，现在是繁花簇拥、充满生机和能量的壮观花境。实际上，如果你关注过这个场景的图片，会发现这里蜿蜒的花境格局不变，但花草本身一直都在变，各类草花根据时节和年份，轮番登台。所以在有了一个大的框架之后，以格局的不变应花草之万变。风景

▲ 矮牵牛倾泻的花瀑吸引着游客仰慕的视线

园林是时间和空间艺术，需要灵感和智慧共同作用，需要持之以恒的维护。

每个人心中都有一个哈姆雷特，每个人眼里都有一个布查特花园。花园是一只万花筒，喜欢园艺的人会从各个角度感受布查特花园，它们的布局、种植方法、整体形象等；喜欢人文建筑的人会在这里看到中国苏州送给姊妹城市维多利亚市的龙喷泉，看到日本花园、十二角星池；关注生态环保的人会感慨这里如何从寸草不生的矿山变成繁花似锦的花园；喜欢历史故事的会希望了解花园主人和他的传承；喜欢喝茶享受的人估计最爱蓝罂粟餐厅（blue poppy restaurant），这里为游客提供经典的英式下午茶，不过它仅在夏季开放，冬季时这座餐厅作为室内花园使用。

布查特花园全年开放，一年四季都有景色可看，当然最佳游园赏花的月份是 3 ~ 10 月。我去的季节是秋天，享受到火红的枫叶，无尽的秋色。花园的春天可以看到成千上万的开花球茎、开花灌木和刚刚萌发的树木。夏天则不仅可看白天的花草，还有夜晚盛开的烟花。

是的，布查特花园在夏季还有一个耀眼的闪光点，那就是夏季开始后的每个周六都有一次壮丽、炫目的烟花表演，伴随着精心编排的音乐一同进行。这是布查特先生的重孙克里斯托弗开创的。这项表演成为了夏日最受欢迎的消夏活动，人们都会早早赶去选择最佳观赏位置，自备毛毯或草坪躺椅。克里斯托弗于 2000 年去世，自那以后，烟花的演出以闪烁的火光结束，向他温情敬礼："晚安，克里斯托弗。"

花园取悦谁、为了谁都不重要，重要的是它兀自美丽。因为主人与时光共同雕琢的美丽，才会有之后的一切，也才能如钻石般从各个角度折射出璀璨的光芒。

甘博花园并不大，却是湾区园艺界的一个热点

甘博花园——乐观的景观
Gamble Garden—An Optimistic Landscape

　　伊丽莎白·弗朗西斯·甘博（Elizabeth F. Gamble）是一位富有的慈善家和社会活动家。甘博花园是她留给这世间的一份礼物。它不断生长，一直美丽。甘博女士希望通过这座花园，让人们享受大自然的乐趣，并学习如何在城市中与自然和谐相处。

🔍　帕洛阿托（Palo Alto）/ 志愿者 / 春季游园会

旧金山附近的湾区是著名的硅谷所在地，帕洛阿尔托（Palo Alto）是其中一座小城市，最早这里由一位西班牙探险家发现并命名。当年他看到该地区生长着一种高大的橡树，就用 Palo Alto 来命名了这个地方。西班牙语中: palo, 意思是树; alto, 意思是高。所以这个地名就是高树的意思。确实，Palo Alto 是一个标杆，这里云集着全世界最知名的 IT 公司: Google、Apple 等，还有著名的斯坦福大学。

离斯坦福校园不远的韦弗利街安宁平静，这里沿街的每一栋房屋都是独一无二的，而且配有与之相当的迷人花园。其中的 1431 号，看起来外观普通，但内涵丰富。这里就是宝洁创始人詹姆斯·甘博的孙女伊丽莎白送给这个社会的礼物——自己的花园和住宅，免费对公众开放。我们把它简称为甘博花园。

▲ 毛茛科铁筷子

▲ 日晷通常被放置在花园的中心位置，形成焦点，它不仅为花园增添特色，营造古典氛围，还是计时工具，也是一种哲学符号，象征着时间的流逝

詹姆斯·甘博曾在肥皂行业当学徒，并最终成立了自己的公司，他有 10 个儿子，其中最小的儿子，也就是伊丽莎白的父亲埃德温·珀西·甘博他带着妻子和孩子，于 1901 年从肯塔基州的农场搬到了加利福尼亚州的帕洛阿尔托，那时候这里是一个只有 3000 人的小镇。当时他们的长子就读于斯坦福大学，小女儿伊丽莎白刚刚 13 岁。最初甘博家族在离斯坦福很近的地方建造

了一座三层的房屋和一座马车房。1908 年，沃尔特·A·霍夫 (Walter A. Hoff) 为主人设计了规则式花园。从大学毕业后，伊丽莎白一直都住在这里，她在父亲去世后继承了这里，并在甘博别墅度过了此后的人生。她热爱园艺，在花园里种上了樱花、茶花、玫瑰、大丽花、菊花……所以无论春夏秋冬，在加利福尼亚州温暖的气候中，这座花园的四季皆美。甘博小姐最爱的是鸢尾花，

▲ 唇形科深蓝鼠尾草

▲ 紫草科勿忘我

▲ 这棵兔子造型的黄杨绿篱已经在此生长了很多年

的园艺泉眼，汩汩流出热爱的泉水。它的使命是将花园作为浸染园艺教育、汲取花园灵感和享受生活的社区资源。每一次我拜访硅谷的时候，都会去那里看一看，虽然那里并不是著名的景点，但我还是很喜欢，它有着四季不同的风景，有磁石般的吸引力，吸引着园丁和自然爱好者共同来维护它的美丽。

热情与热爱——志愿者的托举

1994年，鸢尾育种家 Lois O'Brien 特意将其培育的新品种鸢尾命名为'Elizabeth Gamble'。

1971年，伊丽莎白决定自己百年后将这座房屋和花园捐赠给帕洛阿尔托市。1981年，92岁的伊丽莎白去世，她的房子、花园及热爱，永远地留给了这座城市。

经过市议会4年多漫长而热烈的审议和讨论，1985年，这里得到了重生，一座模范的公共花园蓬勃生长，并变成了湾区

花园免费对公众开放，并没有门票的收入，但甘博花园有自己的非营利性基金会，收取会员费、吸纳会员（会员将会得到很多福利，比如所有花园的课程和活动享受折扣，还包括免费参观超过300座国家级花园），并依靠湾区的志愿者来维护花园，同时承接婚礼类活动。迄今它拥有逾千名会员，并由超过300名志愿者一起维护。甘博花园的志愿者是花园的重要组成部分。这是一个庞大的团体，能量十足。他们来自各行各业，都是花园的忠实"粉丝"。也因此，他们比常人

更热爱这座花园，愿意花时间帮助这里保持美丽和健康。

　　植物养护和花园整理是志愿者们常做的基础工作。志愿者负责花园内植物的日常养护，包括浇水、修剪、除草、施肥等。他们会根据季节和植物需求制定相应的养护计划，并确保花园中的植物保持健康和美观。此外，志愿者们还需要参与定期的花园维护、清理落叶、修剪枝干、整理花坛等，保持花园的整洁和有序。有些志愿者可能是专业的园艺师或设计师，他们也可以

▲ 一二月是甘博花园的山茶花季

▲ 甘博花园的招牌很简洁

参与花园的设计规划和植物的种植工作，为花园注入新的创意和美感。

　　导览和解说，向来访者提供有

关花园历史、植物特点等方面的解答也是志愿者们能胜任的工作。至于宣传推广就更不在话下：志愿者在社交媒体、官方网站等平台上宣传推广花园，吸引更多的游客和志愿者前来参与。

甘博花园会为志愿者提供相应的培训和学习机会，让他们了解园艺知识和花园管理技巧，提高志愿服务的专业水平。通过吸引志愿者的参与，甘博花园能够减轻专职员工的负担，同时也加强了社区和花园之间的联系，让更多人有机会参与到花园维护和保护的工作中。志愿者的热情和热爱也为花园带来了更多的关注和支持。

活动组织是一项重要的内容，同样也是由花园的志愿者来完成，如花展、庭园讲座、植物交换等。他们负责活动的筹备和执行，吸引更多的人们来参观和欣赏花园。

有意思的是，对于如何一方面能为花园加强筹款力度，同时又能展示其作为社区资产的价值，花园的志愿者们开展了头脑风暴，他们集思广益，邀请志愿者们共同撰写花园的传记，向更多人介绍这座花园。最终由苏珊·伍德曼（Susan Woodman）等几位志愿者共同撰写了《甘博花园：乐观的景观》(Gamble Garden: Landscape of Optimism)。她们每人负责撰写花园的一部分，比如：历史、四季、种植、维护等，所得收益也捐献给了花园基金会。书中涉及很多花园的生活和艺术，甚至包括一些和花园有关的食谱，比如薰衣草、柠檬水相关之类。

所以在去往湾区之前，我最希望的就是有机会能够成为像她们一样的花园志愿者，在花园里劳作，为来往的花园爱好者讲解花园里的一草一花一木，也汲取甘博花园的精华。这样还可以认识更多同频的花园爱好者。

花园的愿景与使命

甘博花园占地约 15 亩，包括规则式的玫瑰园、自然风格的切花花园、对称式的药草园，以及蔬菜花园、喷泉花园、日本花园、示范苗床、紫藤花园，还有一条狭长的花境之路。每一个区域都有自己的特色，为游客提供了不同的体验，

Native Bee House

This wooden frame was created for native bees. Most native bees are solitary and do not live in hives. Instead, they lay their eggs in holes in the ground, trees, and fallen logs.

Creating a habitat for native bees helps increase the local native bee population. Bees and other pollinators are essential for native plants and managed crops.

▲ 昆虫旅馆

▲ 华裔的新春活动

希望路过的人们能够呼吸到花园里芳香的空气，享受到四季不同的风景，暂时放弃手机或电脑。

这座花园丰富多彩的活动在湾区是非常著名的。2023年春节，我还赶上过花园里举办庆祝中国年的新春游园活动，第一次在这里看到了真实的舞狮，彼时玫红色的茶花绿篱正盛，仿佛是为庆祝佳节而开放。来到现场的基本都是华裔家庭，扶老携幼，在花园中欢聚。

每年4月，甘博花园会举办著名的"春日游园"（Spring Tour）活动，每一次都有独特的主题，比如有一年是California Dreaming，愿景就是创造一个美好的户外空间，让人们全年都能娱乐和放松，并欣赏大自然。在这样的系列游园活动中除了甘博花园本身，还可以拜访到平时不对外开放的几座私家花园，从幽静隐逸的花园到异想天开的俏皮花园以及优雅精致的花园，总之每一座都让你眼前一亮。"跳过树篱，跃入花园"（Hop Over the Hedge，Swing O pen the Gate）是2023年的主题。根据官网显示，Spring Tour是甘博花园最大的筹款活动。36年来，花园每年都举办当地私人花园之旅，一次可以游览5座本地的私家花园。

正是因为这些活动，使得这里已经不仅仅是一个花草盛开的地方，而是一个活跃的"空间"，所有热爱花园并重视自然和绿色空间的人们都能在这个规模适中的花园中找到灵感。人们在此以花园为核心，享受创建公共花园所带来的深远价值，这也是花园给人们的回报和奖赏。

旧金山公交车站花园 ——漂浮的绿洲
Salesforce ParkA—Floating Utopia

　　假如你和我一样是一名园艺爱好者，第一次来到旧金山，那么首先想去往的一定是金门公园，或者旧金山植物园。请让我再给你推荐一个特别的去处，那就是位于市中心使命大街（Mission St.）425 号的公交场站。这里其实是旧金山湾区的主要巴士总站，也是铁路总站，就在市中心，被设计成一个多功能空间，并设有桥梁，将旁边三座相邻的高层塔楼联接到公园。这个交通站之前受损于地震，新项目设计和建造花费了大约 10 年的时间，耗资超过 20 亿美元。到 2018 年，这处公交转运中心正式对外开放，成为一份馈赠给繁忙城市的花园礼物。

🔍 杂乱的公交场 / 生机勃勃的屋顶公园 / 写字楼

▲ 公交车站的屋顶公园

它很特别，是一处生机勃勃的屋顶绿洲，人们称它为"漂浮的乌托邦"，我觉得其实这里也是一处都市桃花源。蜿蜒曲折的步道两旁排列着敦实整齐的长凳，温润起伏如山丘的草坪和傲然挺立的绿树，调皮的喷泉，热闹的儿童游乐场，还有可以容纳1000人的圆形草坪露天剧场。植被覆盖的山丘和圆顶建筑融为一体，并让日光顺利进入下方的公交楼。当你身处其中的时候，很难想到自己其实并没有脚踏实地，而是在一个三层楼的屋顶。只有当夜幕降临，你坐在屋顶花园的咖啡厅里，观赏城市天际线美景之时，才会想起来这其实是在都市中心呢。

这座空中花园坐落在都市钢筋水泥的丛林深处，是公交车站的屋顶，占地约33亩，离地面21米，有四五个足球场那么大！长约440米，宽约50米，狭长形如同旧金山城市核心的诺亚方舟。公交枢纽占据了Minna街和Natoma街之间的整个街区（就在Mission街的东南部），它的长度比旁边的办公楼Salesforce Tower的高度还要长。

毋庸置疑，空中花园可以吸收汽车尾气中的二氧化碳、减轻办公楼的各类污染，还能降低城市的热岛效应，也为鸟类、蝴蝶和其他昆虫创建了一个很好的栖息地。分层的土壤系统能平衡旧金山的地壳变化，收集并过滤雨水用以灌溉花园，也用于整个交通转运中心的卫生间。

环游世界花园

花园种植着600棵大树，16000株植物，设计了13个不同的植物特色区。第一次来这里，你会和我一样穿过旧金山繁忙的马路和狭窄逼仄的街道，进入一个白色镂空金属外壳包裹的巨型建筑中，然后登上三层，一座植物画卷向你徐徐展开……绕行一圈至少需要半小时。

因为有着地中海式的干燥的夏天和凉爽多雨的冬天，因此那些适合加州地中海气候的植物们在此也颇为怡然。从地中海到澳大利亚、非洲，这里都有植物为它们代言。从干旱的沙漠到大雾弥漫的森林，

▲ 智利南洋杉有个有趣的名字，它也是一种古针叶树，其历史可追溯到恐龙时代

都在加州有所展现，现在集中呈现在这个屋顶之上。

这里有"加州花园""智利花园""南非花园"等主题花园。还有一些特别的，比如"雾气花园"（Fog Garden），因为旧金山常有浓雾笼罩。光线弱的环境中气温显得更低，风

力更强，适合这样环境的植物都有哪些？这座花园里能看到。

"棕榈花园"（Palm Garden）种植着 10 种棕榈。加州只有一种原产棕榈，那就是加州扇叶棕榈。酒棕榈（The Wine Palm）的汁液可以用来制作一种

▲ 在完全平面的屋顶设计出起伏的山丘状草坪，模拟自然景色

▲ 夜色下的露天剧院没有帷幕

发酵酒，但得砍倒整棵树才行，于是过度采伐让这种棕榈种群变得很脆弱……这些小知识你在花园里都能发现并学到，所以这里也是一个轻松有趣、寓教于乐的植物科普基地。

这里还有一座没有花朵的史前花园：Prehistoric Garden。因为在2012年这个公交枢纽遗址动工的时候，曾经在30多米的地下，挖掘出了哥伦比亚猛犸象的牙齿和一些脊椎动物的骨头，那时的植物已经在陆地扎根并不断向天空生长，但不会开花。瓦勒迈杉[1]是恐龙时代就有的古老物种，一直幸存至今，当年恐龙咀嚼过的树木很可能就是这样的。人们一直以为这类树木早已灭绝，直到在澳大利亚发现了几株，现在你又可以在旧金山的空中花园看到它啦！

艺术的花园

"花园"这个概念是很宽泛的。艺术何尝不是一座更巨大浩瀚的花园呢？当地政府鼓励将公共艺术融入交通设施，于是这里和旧金山艺术委员会合作，展现了好几位艺术家的作品。比如，这里除了屋顶花园，还有另一座属于地面的秘密花园——大礼堂内近2000平方米的水磨石地板。这件艺术品采用锌和青铜镶嵌，是充满活力的设计，灵感来自郁郁葱葱、阳光明媚的维多利亚式花园，描绘了加州罂粟、月桂叶、蜂鸟等自然景物。

喷泉也是一座花园！我最喜欢的是这座花园侧面沿途有一个互动性很强的公共艺术装置——巴士喷泉（Bus Jet Fountain）。如果你不看旁边的铭牌说明，很可能就会错过这么有趣的设计。这条顽皮喷泉全长300多米，一共由247个间歇泉组成。楼下一层的车站每发出一辆公交车，楼上三层的喷泉水柱就会沿着路线一路喷过去，与楼下的巴士流量相呼应。这是一位环境艺术家内德·卡恩（Ned Kahn）的灵感之作，也是一份装置艺术作品，可以记录公交车在交通枢纽的运行情

注：【1】 瓦勒迈杉是一种典型的活化石植物，它的发现在植物学界产生了极大的轰动，这让澳大利亚人的自豪感难以掩饰。因为此前一直认为这一物种早已灭绝，植物学家们只是通过一些化石对它有所了解，其中，最早的化石可追溯至2亿年前，最晚的化石显示这种植物大约在200万年前消声匿迹。

BUS FOUNTAIN

Environmental Artist Ned Kahn's 1000-foot-long bus fountain registers the movement of buses in the Transit Center. The fountain has a series of water jets that are activated as buses pass under sensors on the Bus Deck. The frequency and motion of the jets correspond to the number and speed of the buses, making arrivals and departures visible and tangible through their effect on water.

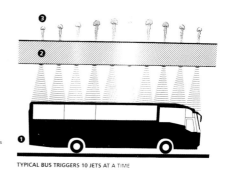

1. APPROACHING BUS
2. SENSORS
3. WATER JETS

TYPICAL BUS TRIGGERS 10 JETS AT A TIME

▲ Salesforce Park 的巴士喷泉介绍

况：出发和到达。当公交车经过楼下甲板上的传感器时，有 10 串水流水柱就会被激活，而且和巴士的数量和速度相对应，一溜烟地往前跑，很好玩！它也是世界上最长的水上艺术品之一。我去拜访的时候已经接近日暮时分，完全没有注意到这侧面的水流，以为只是寻常喷泉水系。如果不是陪同的园艺专家刘大欣老师特别解说，我就会与这条超有创意的巴士喷泉错过了。

这座丰富多彩的公园真的如同一个向万众敞开的天空俱乐部，每个人都能在这里找到自己的乐趣。

最后，你可能会好奇这座花园的名字：Salesforce Park。其实很简单，一旁的高楼主人 Saleforce 是它的赞助商，这是一家为企业提供软件服务的网络公司，总部就位于旧金山。这家中文被直白译为"赛富时"的软件公司拿下了这份为期 25 年、价值 1 亿美元的冠名权合同，这个以公园加持的公共空间也反映了大型科技公司的影响力。大家希望能够用绿树鲜花来减缓城市的焦虑。

▲ 隧顶公园是欣赏金门大桥极好的观景点。这里已经为你准备好了红色的椅子

隧顶公园——从要塞堡垒到花园
Presidio Tunnel Tops Park
—From Fortress to Garden

　　我所热爱的花园是一个很宽泛的领域，包罗万象，不仅有花园（garden），也有公园（park）。因为公园里一定包括丰富多彩的花园。

🔍 军事基地遗址 / 高速公路 / 隧道 / 金门大桥 / 山海景观

▲ 这一排红色的建筑曾经是兵营，现在则改为可以租赁的办公空间

2023 年暑假，我和先生带着孩子再次来到加州旅行。在湾区园艺专家刘大欣老师的推荐下，我们一家拜访到了旧金山的最新景观——隧顶公园（Presidio Tunnel Tops Park）。刘老师说隧顶公园是金门自然保护区 (Golden Gate National Recreation Area) 的最新成员。这里原先是一座军营，之后几经演变，现在被设计成了一座浩大壮阔的公园，2022 年才开放，2023 年就入选全球 50 个最佳旅游点。

拜访的前夜，我认真查阅了这座公园的资料，太吃惊了，在 Google 输入 Presidio Tunnel Tops 一词后，网页直接跳出来了公园的中文版！这座崭新的公园用三种语言来展示它的不同寻常：英文、中文、西班牙文。我还是第一次看到有国外的公园如此重视中文读者。这里的中文不是简单的汉化或机器翻译，而是斟词酌句的优美汉语，每一句都仿佛是一份真诚的召唤。公园欢迎所有人都能来这里享受旧金山的代表景色：山、海、桥……

▲ 运用本土耐旱抗风植物，保证游客饱览壮丽山海景色。降低维护、注重可持续发展是公园的特色

200 年要塞

"Presidio" 是西班牙语，意为"要塞"或"防御工事"。在美国的历史上，特指西班牙和墨西哥时期，位于西海岸地区建立了军事前哨基地或要塞，用于保护旧金山湾地区。随着时间的推移，它逐渐成为美国军队的基地，到 1994 年停止了军事用途，转变为一座国家公园——旧金山要塞公园（Presidio of San Francisco）。这是一处自然和历史相交融的、多样化的城市公共空间，占据着绝佳的天然地理优势，拥有绵延广阔的绿地、优美的历史建筑、浩瀚的山海自然景观和多样的户外活动场所。

隧顶公园（Tunnel top）是要塞公园的一个新景点。它建在要塞公园路（Presidio Parkway）隧道的顶部，可欣赏到令人惊叹的金门景观。要塞此前被高架公路多伊尔大道（Doyle Drive）分成两个区域——Crissy Field[1]和 Main Parade[2]。2012 年，陈旧且抗震性很差的高速公路

被拆除，被要塞公园路取而代之，公路设计成隧道，把分开的两个区域重新连接。这样隧道的顶部就出现了一个新的访客空间。

2014 年，公园开始召集公众想象什么可以建立在隧道顶部？为此，公园征集了上万名居民的建议，甚至还发起了一项国际竞赛，以寻找一个团队和社区合作设计出崭新的"Presidio Tunnel Tops"。2014 年 12 月，以设计纽约高线 (High Line) 公园而闻名的 James Corner Field Operations 获得了合作机会。

隧顶公园建立的宗旨是：依社区而起，为社区而建（By the community,for the community）。"公园的 360 度地平线将旧金山湾、金门大桥、当年的堡垒要塞、阿尔卡特拉斯岛（恶魔岛）和旧金山市中心尽收眼底。"——公园的首席设计师理查德·肯尼迪 (Richard Kennedy) 如此介绍这座崭新的公园。

设计团队充分考虑到了可持续

注：【1】 "Crissy" 这个名字来源于美国陆军少将亨利·克里西（Henry T. Crippen）。他是美国陆军在旧金山湾区的最高指挥官，从 1907 年到 1911 年担任该职位。在他的任期内，他监督了旧金山军事要塞的建设，包括克里西菲尔德所在的区域。

【2】Main Parade 则曾经是美国军队的阅兵场。在二战期间，它曾是美国陆军的训练基地。1974 年，Main Parade 被移交给美国国家公园管理局，并于 1980 年向公众开放。Doyle Drive 中文是多伊尔大道，连接金门大桥和林肯大道，是往返旧金山和马林县的主要交通干道。

性、生态恢复和公众互动等因素，这个 85 亩的隧顶公园将城市和海湾重新连接起来。通过一系列的海滨路径、山崖景观、观景台等，隧顶公园在 2022 年 7 月正式对公众开放了。游客们可以像以前驻扎在要塞的士兵一样在两个区域之间自由行走，沿途欣赏公园的风景、野餐点、还有一座直面浩瀚大海的儿童游乐前哨站。而我们一家有幸在次年的 7 月来到这里。导航到隧顶公园停车场，旁边就是从山坡平铺直叙到大海的绿茵大草坪，人们在这里闲坐、散步、遛狗、带小朋友戏耍。草坪又软又厚实，仿佛是从山顶滚下的巨大绒毯，我们家小朋友兴奋地奔来跑去。绿茵之上，还摆放着红色的巨大座椅，既是点缀的景观装置，也是功能性很强的休憩座位。大草坪一旁整齐划一、经过整修的红色营房，现在则已经改建成各类办公空间。

草坪的尽头就是当年卫兵的警卫室，如今是游客访问中心，这是一个非常友好且充满知识和乐趣的高科技数字资料馆，介绍了这片土地的历史、这座公园的设计理念、公园地图、景观分布、附近生长的动植物……与其说是游客中心，不如说是一个小型在地博物馆。我家的小樱桃在游客中心东看西摸，玩得不亦乐乎。

这里还展示着原住民的生活，包括他们如何运用当地的植物来生活，比如编织水边的莎草做成小船（Tule boats）。真是很难想象，水岸边柔弱的细草也能做成不惧风浪的船？游客中心展示着这样一艘小船实物，充分证明了它结构的稳定性和防水性。野花野草也是这里最早的"居民"。数千年来，土著居民收获各种各样的本土植物用于仪式、药物和食物。这些加州原住民在管理他们的植物资源时非常小心，当第一批欧洲探险家到达时，首先被这令人难以置信的美丽所震撼。沿着加利福尼亚海岸线航行，夕阳映照在闪亮的花瓣上，西班牙水手们看到海岸山脉上的加州罂粟花，惊叹道："这是火之地"（The land

▲ 这里的儿童乐园全部使用原生木材设计

▲ 具备趣味与科学性的路牌标识

of fire），并称它们为"黄金杯子"（Copa de oro）[1] 或"金杯之花"（Cup of gold）……这些知识在你还没有正式开启公园之旅的时候就已经开始展示了。

此外，游客中心还有互动的电子屏幕，里面有游客们希望了解的各种关键词：动物、植物、原住民、历史、人物等，只要点击屏幕，就能了解你想要的问题。

前哨乐园

为了尽快感受到隧顶公园的壮阔，我们打算回程再来游客中心细看，先要尽快去到海边的徒步小路，前往旧金山的代表符号——金门大桥。我已经在地图上看好了，这里可以徒步前往，也可以乘坐免费的穿梭巴士到桥前；我们当然选择了海滨的徒步线路（Bay Trail），沿途种着加州本土的180种植物，其中以多肉多浆植物最为常见。只是没走几步，小樱桃就被不远处的儿童乐园吸引住了，说是体验几分钟就继续走，但怎么喊也不出来。

注：【1】黄金杯子（copa de oro）这个名字在西班牙语中不仅指代"金色的奖杯"，还指代一种金色的鸡尾酒

▲ 壮观的草坪、壮阔的视野、壮丽的景色

这个叫做"前哨（Outpost）"的游戏空间是一个占地 12 亩的游乐场，是湾区面积最大的户外儿童游乐区，它最适合 2 ~ 12 岁的儿童，难怪小樱桃不肯离开，他爬上爬下不亦乐乎。这里有一棵巨大的倒下的柏树，树干的细节处为了孩子们的安全，已经被处理得很光滑，他们可以钻过掏空的树干，攀爬到另一段树枝，还能跃上附近巨石，再从滑梯滑下，地面则是用细软的树皮厚厚铺成，很安全。据说这里的每一个功能的灵感都来自一个独特的 Presidio 故事，比如这里会给孩子们提供蜡笔和植物、动物图片涂

色卡，为大一点孩子提供诗篇的关键词磁铁模块，孩子们有兴致的话可以用它们面朝大海拟出自己的诗篇。但我们家这个不爱读书的小樱桃没兴趣吟诗作画，他上蹿下跳，喊了无数遍才恋恋不舍随我们一路前行去往金门大桥。

我们一家三口一路前行，沿着海滩、绕道山崖、眺望峡湾，仿佛是在世界之巅漫步！从早上十点多到达公园，到下午三点多从金门大桥折回游客中心，我们也只行走了其中一条线路，返回时候已经累了，公园的其他路线只能等下次再来探索。

这里这布满疙瘩的树干，它来自加州胡椒树

阿灵顿花园——花园还是公园?
Arlington Garden— Garden or Park?

2023 年的寒假和暑假,我两次拜访过的一座洛杉矶花园——阿灵顿花园。它位于洛杉矶的帕萨迪纳市。1886 年成立的帕萨迪纳是位于洛杉矶东北的一个小城市,与其说是城市,就面积而言,更像我们北京的几个行政街道的概念。Pasadena 一词是印第安语,其字面意思是 valley,这个地名一直以来都被诠释为"山谷王冠"(crown of the valley)和 "山谷钥匙"(key of the valley),二者也因此出现在城市的印章图像之中。这里以优美的社区、古老质朴的历史建筑、著名的花园和文化活动而闻名。帕萨迪纳被人们誉为"花园之城"(a city of gardens)。

🔍 南加州 / 豪宅废墟 / 公园 / 花园

不过这样一座花园之城，却只有一处独立的专用公共花园（Dedicated Public Garden），那就是阿灵顿花园，2015年，它被《洛杉矶周刊》评选为"年度最佳公共花园"。

帕萨迪纳的大多数花园都是私家庭园。有些公共建筑和校园内有一些花园，比如加州理工学院、历史博物馆等，但这些机构花园或是附属于建筑的美化景观，并不是专用的公共花园。

所以这一次，请随我去拜访下阿灵顿花园，顺便辨识下"公园"和"花园"的概念。

其实在我看来，花园的气质、气场（或许用感觉和氛围来描述也可以）和公园是不一样的。不同之处在于，对于花园，植物是焦点。阿灵顿花园里没有游乐设施，没有旋转木马，我们不用跑来看这里有什么，其实这里没有什么，除了花花草草。但是，它在等待你去发现它的美。

公园则是供公众休闲使用的开放区域，设有景观、游乐设施、运动场和卫生间，所有这些都是为人们休闲活动而服务的。而花园是为了人们欣赏到自然之美，并在其中倾听到自己的心声。花园有助于改善我们的精神、情感，益于身体。我们在花园里耕耘土地、种植幼苗、观察萌芽、欣赏花开、呼吸芬芳、采摘果实、见证秋叶落地化为春泥……

让我们回到洛杉矶，每天都有成千上万的人开车经过繁忙的帕萨迪纳大道，除了居住在旁边的居民，知道阿灵顿花园的并不多。那些能停下来，并短暂停留的人如果能走进花园，将会看到更多美景；而如果能停留更长时间或者坐下来体验的游客，会发现不同角落的惊喜，也就能真正欣赏、感悟到阿灵顿花园为人们奉献的一切。

如果一定要论颜值，那么这座花园并不能和美轮美奂的英国名园相比。因为加州干旱燥热的气候，

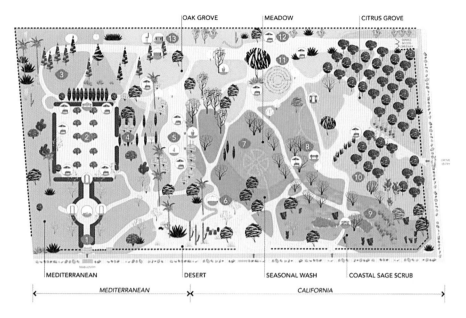

OAK GROVE　　MEADOW　　CITRUS GROVE

MEDITERRANEAN　　DESERT　　SEASONAL WASH　　COASTAL SAGE SCRUB

MEDITERRANEAN　　×　　CALIFORNIA

▲ 壮观的草坪、壮阔的视野、壮丽的景色

花园里的植物们尽可能选择了适合本土气候特征的品种。阿灵顿花园中有一条橄榄树林荫步道（Olive Allee），一片小小的柑橘林（Citrus Grove），一片草坪、一片小松林（Pine Forest）……还有一座示范花园（Demonstration Garden），用于展示和传授公众如何种植和维护花园。

比较特别的是，阿灵顿花园里有一座迷你的迷宫(Labyrinth)：说是迷宫，其实是一棵写满沧桑的加

州胡椒树，加上树下一圈又一圈的卵石阵。这个地方面积不大，但是很特别。孩子们喜欢不按规则来走，就像跳格子那样绕着玩；老人也喜欢这里如涟漪般的圈层，在里面缓缓漫步。对于许多人而言，迷宫是人生旅程的隐喻。美国人比较喜欢用大块鹅卵石摆出这样的阵列，用以放松心情，维持正念，他们觉得这不是普通的卵石圈层，而是一个步行冥想的装置艺术，从边缘到中心有一条蜿蜒的小路，行走中没有技巧和选择，因为只有一条

▲ 卵石迷宫，这座花园的特色

路到达中心点。行走迷宫可以清理思绪，缓解焦虑。可是我从来不是淡定的人，迈着小碎步走不是我的风格，我总是忍不住要跨越这些卵石直接走过去。

但迷宫旁边这棵树一直都很从容淡定。虽然叫加州胡椒树，其实它是秘鲁和智利的特有物种，因此也被称作秘鲁胡椒树（Peruvian Pepper Tree）。这是 2005 年阿灵顿花园破土动工时，现场仅存的八棵树之一。它曾经是杜兰德宅邸花园的一部分，见证了当年辉煌的杜兰德花园和今天安静的阿灵顿花园变迁史。是的，杜兰德曾经是这块土地、这座花园的主人。

1902 年，富有的芝加哥商人约翰·杜兰德（做杂货批发生意）看上了洛杉矶北部 Arlington 大道这块土地。1904 年，他在此建设了一座有 50 个房间的豪宅，是当时西南地区最大的私人住宅，当时施工耗费了 3 年多。花园占地有约 360 亩，主体建筑采用了法国贵族城堡的风格，包括复杂而精美的木雕、红砂岩外墙，花园中种着无数的玫瑰、棕榈和柑橘，是一座需要精心呵护的花园。它是如此的奢华，以至于《洛杉矶时报》称它为"不仅是南加州，而且是全美国最为豪华、奇特的住宅"。奇特在其纯粹的奢华——内部的锁、铰链、门把手、抽屉把手

等，都是用昂贵的黄金合金制成的。人们用"带有黄金把手的房子"来描述这座房子。实际上，黄金和合金结合在一起是为了提高强度，房子大多数硬件是采用黄铜制成，水槽、雨水管等都是实心铜，还有杜兰德夫人床边的开关，可以打开"整座房子从地窖到屋顶的每一盏灯"。她的家里安装超过 600 盏灯。

后来随着杜兰德的孙子去世，其房产及家具在 20 世纪 60 年代被拍卖，随后这里被夷为平地……留下的痕迹是一条小走道，还有如今花园里的"石榴剧场"景观。这个圆形剧场是由混凝土和砂岩建成的，材料正来自当年杜兰德宅邸中回收的砂岩。格子里的彩色玻璃窗描绘了一个红色的石榴果实——石榴原产伊朗到印度北部的地区，在地中海地区种植已有数千年历史，《古兰经》中提到石榴，将其描述为天堂水果之一。在古希腊神话中，冥王哈迪斯在冥界欺骗春天女神珀耳塞福涅吃下了石榴籽，这些种子将她与地狱联系在一起，每年她都

▲ 玫瑰花门会在 4 月底 5 月初开放，是花园最美的季节

被迫返回地狱几个月，也因此，她在人世间的缺席导致了冬天的到来。杜兰德花园之后的命运也经历了一段令人唏嘘的寒冬。

到了 2003 年，市政府和加州交通局开始就这块约 18 亩的空地使用问题进行了谈判。当时这块裸露的荒地上只有两棵老橡树、一棵蓝花楹，还有一株垂垂老矣的加州胡椒树和五棵棕榈。市议员史蒂夫·麦迪逊（McKenney）调查征询了社区居民希望在这块土地进行哪些公共开发，其中包括花园的创始人贝蒂·麦肯尼 (Betty McKenney) 和查尔斯·麦肯尼 (Charles "Kicker" McKenney)。人们不希望这里盖上房子，也不想要网球场、足球场或停车场，经过与社区的讨论加上贝蒂的一些灵感，决定将该地变成一座可以对公众开放的花园。

人们开始想象这美好的一幕！市政府、帕萨迪纳水电公司和麦迪逊家族一起携手来推动项目的实施，尽管在当时，大多数人看来那不过是个"白日"的梦想。

我分别在春、夏、秋、冬几次拜访这里。冬天也有花朵在开放，柑橘林的 48 棵柑橘树已经被采摘过一轮，花园的管理部门为了筹集款项，也为了避免果实的浪费，邀请本地的志愿者来采摘，并把花园里结的脐橙做成橙子酱售卖，所得款项作为花园维护的基金。

洛杉矶的夏天太热了，对花园而言也是一种煎熬，所以夏天花园的状态反倒还不如冬天。花园因为一直由志愿者维护，总归是不如专人维护那么精心，所以我夏天去的时候有点失望，干燥炎热，很多枯枝丫堆在花园里。但当我再次查询网站后，看到了"放任不管"的用意：园丁特意保护着这座花园的半原生状态，因为这样可以保护蝴蝶、蜜蜂、鸟儿和各类昆虫的栖息地。于是我释然了。四五月紫藤和玫瑰花开的季节花园景观是最美好的，如果你有机会路过洛杉矶帕莎迪纳，可以顺道去看一看。

山茶很适合洛杉矶的气候

德斯康索花园——山茶的宇宙
Descanso GardensA—Universe of Camellias

　　德斯康索花园位于洛杉矶东北的圣盖博山（San Gabriel Mountains）脚下，这座花园讲述了植物和热爱植物的人们的故事，二者一起赋予了花园丰富的景观。德斯康索是一片美丽的绿洲，既粗犷又精致。与其说这是一座花园，不如说是一座向公众开放的植物园。因为这里除了有"花"，更重要的是有丰富的树和灌木，花园拥有大量的茶花品种收藏。

　　报业大亨的故居 / 山茶收集 / 豪宅区 / 玫瑰园

美国加利福尼亚州的早期历史和东部的殖民地有很大不同。美国东部的早期定居者主要来自英国、法国和其他北欧国家，而加州很大程度是西班牙殖民。在墨西哥和美国争夺领地和主权而互相争斗的时代，德斯康索周围的土地曾经陷入了一个所有权争议、业主更替、土地分割的混乱时期，直到20世纪30年代，这里迎来了一位出身卑微的报业大亨。

卑微出身的报业大亨

埃利亚斯·曼彻斯特·博迪 (Elias Manchester Boddy) 1891 年出生，他的父亲是华盛顿东部一位种植马铃薯的农民，家里有五个儿子，他排行老二。可以想象：他的童年生活很艰难。读完大学后，他乘火车东行。24 岁时，他抵达纽约市，开始在拥挤嘈杂的下东区挨家挨户推销《大英百科全书》。一个贫穷年轻人通过勤奋实现美国梦的故事开始了。他在第一次世界大战中英勇服役，但受了重伤。回到美国后，他遵医嘱离开纽约，并于 1920 年与妻子

贝伦尼斯 (Berenice) 带着尚在襁褓中的儿子罗伯特 (Robert) 前往加利福尼亚州。在洛杉矶，他回到卖书谋生的老本行。6 年后，他成为了《洛杉矶每日新闻画报》（*The Los Angeles Illustrated Daily News*）的管理者。

博迪购买了 1000 亩未曾开发的土地，他将这里命名为 Descanso，西班牙语翻译为"宁静"。最初他想用于建造牧场和住宅。不过山茶花的到来改观了这座花园的颜值，也提升了德斯康索花园受欢迎的程度，但故事很复杂。主人酷爱收集各类茶花，南加州温和的气候也很适合这种植物生长。为了满足他不断增长的山茶收藏，博迪专门聘请了园艺设计师来设计景观。他还认识了在洛杉矶的日本移民种植者——星苗圃（Star Nursery）的创始人鸟山松（FM Uyematsu），以及使命苗圃（Mission Nursery）的老板费雷德（Fred）和木村美都子（Mitoko Yoshimura），他们第二次世界大战前在南加州种植山茶花。珍珠港事件后，1942 年 2 月 19

▲ 德斯康索的日本花园很有名

▲ 用珠帘模拟喷泉水流

日，富兰克林·罗斯福总统签署了第9066号行政命令，导致美国境内大规模监禁日裔美国人。在这些悲惨和不公正的情况下，乌山松和本村家族只能将他们的山茶花，以及吉村家族的整个苗圃卖给了博迪，然后被送往拘留营。时代悲剧让这些日本苗圃主损失了多年的基业，而给德斯康索带来了多达10万株的山茶花幼苗。从收留到收藏，这些植物为如今花园的山茶收集奠定了坚实强大的基础。

战后的繁荣为这一带的社区带来了很多新移民，为了缓解公众的好奇心，1950年博迪向公众开放了他的庄园，就是今天的德斯康索花园。1952年，博迪决定退休，他出售了附近的牧场。由于担心这里被迪斯尼看中开发成游乐园，邻居们希望洛杉矶县购买这里的房产，并能保持其完好无损。为了赢得公众的信任，政府签署了租赁、购买计划。之后的几年，德斯康索附近的邻居们志愿组织了一个协会，在此建设了"日本花园"，后来又开放了30亩的玫瑰花园。经过几十年的努力，花园恢复了昔日的辉煌，

▲ 日本花园的代表元素：茶亭、红色木桥。为什么日本花园中木桥通常刷成红色？因为红色在日本文化中象征好运、幸福和繁荣，也因为红色可以和周围的自然景观形成鲜明对比

还收到了很多捐赠，建成"Sturt Haaga"画廊（轮流展示当代艺术、科学和历史的展品），之后扩建了橡树林地，落成了"古老森林园"（Ancient Forest），里面种植了很多苏铁和其他"活化石"的植物。

作为一个由会员支持的花园，

德斯康索花园依靠捐赠来生存和发展，目前有 12000 个家庭是它的忠实会员。我几次拜访过这座花园，有一次带孩子一起去还赶上了免费日。因为每个月的第一个周二，花园对公众免费开放。听说这座花园的主人是一位了不起的报业大亨，孩子以为会看到一座奢华的豪宅，

但实际上，原主人的故居除了位置在山顶，可以远眺山谷外，外表只是一栋不起眼的二层楼，完全不是他想象中的"豪宅"。当年，博迪和妻子、两个儿子就住在这里。那么作为红极一时的报业大亨，这座庄园奢侈的部分到底在哪里？我想应该是其拥有巨大的山林和花园，还有无限的风景。

第一次拜访的时候是十多年前，我对它印象不深。第二次拜访，抱着要记录洛杉矶花园的心态，则细心很多，印象最深刻的是这里放大版的日本花园，有一座蓝色的巨大凉亭，比真正的日式亭筑体量要大很多，而且还是一种特别的蓝色。人们喜欢来这里拍照，也爱在这里休憩，享受这里的宁静。

山茶带来的荣耀

与其说这是一座日本庭园，不如说是山茶的收集专类园。每年10月到次年4月，这里总是盛开着花朵。尤其是2月，每年这个时候花园会举办茶花节。虽然洛杉矶的

市花是鹤望兰，但这里的气候也很适合茶花、柑橘这类亚热带植物，所以这里的人也喜欢茶花这种常绿的开花植物。比如离德斯康索花园不远的天普市（The City of Temple City）市花就选择了茶花。而且为了庆祝这种能代表自己城市的花朵，从1945年开始，天普市每年2月的最后一个周六举行盛大的山茶花游行，并且从小学一年级学生中挑选山茶花国王、皇后、王子和公主。这个特别的传统延续至今，实在是太可爱的一群山茶小孩啦！

当年德斯康索主人对茶花的钟爱和热爱，直接为这座山脚下的绿色森林带来了闪耀的花朵，也为后世留下了鲜活的花卉遗产。很多花园主人都有自己特别的爱好，博迪就是一名非常执着的茶花收集控，也因此让花园成为洛杉矶欣赏茶花的胜地。这里有很多稀有、独特的山茶品种，白色的、粉色的、红色的、单瓣的、重瓣的，各有各的美，它们能从初秋盛开到第二年春天。它们受欢迎是有原因的：花瓣厚实带来绵长的花期，花色鲜艳、花型精致，

▲ 蓝色屋顶在日本花园中很醒目

既适合插花也适合花园种植，适合集体栽培成花篱，也适合独立栽培。

有必要提及的是，德斯康索还有一项"光之魔法森林"活动，2023年11月开始回归。这个项目是一种互动式夜间体验，人们可以漫步在入夜的花园中，体验灯光和森林交融的梦幻感受。最受欢迎的夜光森林在玫瑰园，这里有彩色玻璃搭建的作品，在灯光的映衬下更加璀璨。主草坪上有排列成几何形的灯光列阵，长廊上有花之能量的主题展示。你会看到一座不断变化的幻彩灯光花园，那是另一种花园的形式。

公园里的伦敦——城市文化的绿窗
The London in Parks—A Green Window
to Urban Culture

　　假如你喜欢自然，喜欢花花草草，那么英国是一定要去拜访的国度。英式花园是自然和优雅的代名词，从皇家园林到乡村花园，英国的花园令全世界的花园爱好者着迷，所以英国是当之无愧的"花园帝国"。而伦敦拥有众多花园、公园和植物园，穿过肯辛顿花园就是海德公园，由海德公园来到绿园，途经白金汉宫，到达圣詹姆斯公园，4座御苑连成一片……伦敦是一个到处能看到绿地、很容易就遇到公园的城市，这些地方为人们提供了一个放松心灵、亲近并享受自然的舞台，英国人对园艺的兴趣和热情是与生俱来的，其实这种兴趣中国人也有，只是我们的表达方式不一样。

🔍 　皇家花园 / 植物园 / 公园 / 历史古迹 / 植物圣殿

▲ 邱园综合着公园、花园、植物园、历史古迹、科研机构等很多功能

从皇家游乐场到人民的公园

每隔几年我就会去拜访英国的花园，每一次到访都是一种充电。这里的公园、花园、植物园、庄园、田园……能给予我满满的能量，也让我获得无数灵感。

真心爱英国花园，每一次我的着陆点都在希思罗机场，所以伦敦城通常是我的花园首站。你肯定认同伦敦的公园文化历史悠久，在伦敦你能一连串拜访（溜达）到很多座花园。英国许多公园都靠近皇家宫殿或城堡，这并非巧合——从圣詹姆斯公园旁边的白金汉宫、肯辛顿花园中的肯辛顿宫到里士满灌木（Bushy Park）公园附近的汉普顿宫。事实如此，皇家园林和贵族庄园就是伦敦公园文化形成的主要因素之一。在历史上，英国的历任君主和贵族都热衷于建造华丽的皇家园林和庄园，作为他们的住宅和休闲场所。这些园林以宏伟的景观设计、壮丽的建筑和丰富多样的植物种类而闻名——花园，首先是取悦主人。17 世纪起建造的许多皇家园林和贵族庄园，如肯辛顿花园、海德公园、汉普顿宫等，后来分别成为伦敦公园文化的基石。

花园和公园的发展也是与时代的文明相伴相行的。18—19 世纪的浪漫主义运动在英国流行，这促使公众对大自然的热情高涨。随着城市化的发展，一些著名的城市公园如海德公园、绿地公园等在 19 世纪后期对公众开放，伦敦的很多花园，也是一种馈赠给公众的礼物。这标志着英国的公园开放运动，推动了公园文化的发展。这些公园很快就成为伦敦市民的热门去处，普通人都可以在这里散步、骑马、野餐、打球，甚至在湖里游泳，公园还举办各种活动，如音乐会、戏剧和其他庆祝活动。

伦敦的公园文化在 20 世纪得到了进一步的发展。政府开始在伦敦建造更多的公园，包括维多利亚公园、里士满公园和海格特公园。而到了 19 世纪中期，社会改革家开始关注城市贫民的生活状况，认识到提供公共绿地对改善居民的生活质量和健康有

▲ 邱园大宝塔建于 1762 年，它是仿照南京大报恩寺琉璃塔而建，是欧洲最早的仿中式宝塔。通常宝塔的层数应该是奇数，传统上是七层——因为七级浮屠。而邱园打破了规则，它有十层

着重要作用。于是，公园成为城市规划的重要组成部分和人们日常生活中不可或缺的休闲场所。

伦敦人民积极参与社区园艺、志愿者参与公园的打理和提升，不仅促进了社区凝聚力，也为伦敦的公园文化注入了新的活力。现代伦敦的城市规划则更关注绿色城市和可持续发展，公园显得更为重要了，因为它们是城市的绿肺、都市的绿洲，是生态平衡的关键元素。

根据地图公司 Esri 的数据，伦敦地区的公共绿地面积约占城市面积的 16.8%，同时，据不完全统计，这里有大约 800 万棵树木，14000多种野生动物，以及 3000 多座公园。毫无疑问，公园文化是伦敦这座城市独特魅力的重要组成部分。

伦敦人的花园之恋

花园，是英国人的恋人。

不过，在伦敦这样的国际都市，不是所有人都拥有自己的花园，但所有人都会用花花草草来妆点自己的家居空间和生活。伦敦人的园艺活动受到气候条件和住宅类型的影

响，有各自不同的形式。

　　由于伦敦的城市化程度较高，许多居民的住宅只有小型花园或者阳台，所以园艺活动通常以小型规模为主。人们会种植花卉、灌木、蔬菜或草坪，并利用有限的空间尽可能打造美观和实用的花园。如果你去伦敦游览，这一点在近郊的住宅区体现得就很明显呢！人们将窗台、阳台的栏杆、门前的台阶都摆上鲜花盛开的盆栽，并且根据花期及时调整花草的品种。

　　疫情过后，人们更渴望有绿色的空间，对 Allotment 的需求量大增！Allotment 是"配额地"的意思。2022 年《纽约时报》曾经专门刊登过一篇题为《赢得伦敦"配额花园"》的文章，里面特别介绍了这项起源于几个世纪前的制度。古代英格兰的领主担心内乱，会将小块的土地"分配"给穷人。但现在这个概念已经不一样了，如果你没有一座花园，可是又很想亲自体验耕作之乐，那么可以在自己居住的社区申请一块土地，所以过去申请用来种菜的

配额地已经演绎为"配额花园"的概念。伦敦的"配额花园"是一个不寻常且充满活力的社区花园系统，遍布整个城市。

　　英国的所有配额地都由当地议会控制，因此必须通过官方渠道才能为自己的园艺热情申请一块土地。居民可以联系当地的议会以申请自己附近的分配地，在这个官网可以申请：www.gov.uk/apply-allotment。幸运的话你很快能分配到一块土地，租金也是非常便宜的。大多数蔬菜、水果、花卉、香草都可以种植，不过不能是为了商业目的。

　　这些土地由伦敦的种植爱好者们主导，很多是在建筑物之间、废弃的空地上，或者是开荒的山坡上，供社区的人们种植。其实，在花园爱好者眼里，任何一块未被使用的土地都有可能变成一块可耕作的土地。这些社区花园由志愿者组织和居民一起管理，成为社交和休闲的场所。社区园艺有助于促进社区凝聚力，并提供了交流学习的机会。

除了埋头耕耘，"打开花园之门"（Open Garden）也是伦敦人喜欢的一种园艺分享方式，即私家花园主人打开花园之门，分享自己的花园给公众的一种形式，现在已经遍布各国，很多国家都有自己的 Open Garden 体系。其目的是为了让人们有机会欣赏私人花园的美丽，并了解不同的园艺风格，可以让园丁们彼此交流、学习各种园艺知识。今天，英国花园开放系统是世界上最大的花园开放活动之一，每年都有数百万游客参观英国的花园，花园开放系统为英国的园艺文化作出了重要的贡献。

"可持续"和"野性"

伦敦人在园艺上一直以来都表现出强烈的创新精神，不断探索和应用新的园艺技术和理念。比如城市农业和屋顶花园：伦敦鼓励城市农业和屋顶花园的发展，将城市空间用于种植蔬菜、水果和草本植物。不仅增加了城市绿化，还提供了本地食品供应，减少了食物运输的碳排放，推动了城市农业的可持续发展。

可持续园艺实践也是伦敦人重点关注的话题。比如种植本土植物减少维护成本，研究如何采用雨水

▲ 伦敦寻常人家的阳台和窗台都很"花园风"

收集系统，如何回收利用有机废弃物来制作堆肥，选择适应当地气候的本地植物等。这些措施有助于降低园艺活动对环境的负面影响，保护自然资源。注重保护生态多样性和自然栖息地也是伦敦新园艺的方向。伦敦的部分公园和花园专门为本地野生动植物创造了适宜的生活环境，帮助保护濒危物种和生态系统。

在崭新的时代中，伦敦的公共花园设计越来越注重美学和功能性的结合。设计师没有"躺平"在皇家园林的起点，而是不断在园林规划中加入现代艺术和创意元素。在伦敦，园林和艺术相结合成为一种新的趋势。人们将园艺视为一种创作表达的方式，通过植物、雕塑、装置艺术等元素，打造出充满艺术气息的花园空间。

"野性"的花园设计这几年在伦敦越来越受欢迎，人们更加注重自然、随意和原生态的园艺风格。通过种植本地植物和野花，打造出自然、生态友好的花园环境。

伦敦在园艺领域不断追求创新，尝试将现代科技、可持续发展理念和社区参与结合起来，为城市居民提供更美丽、绿色和可持续的园艺环境。这些创新有助于推动园艺文化的发展，让园艺更好地适应现代城市生活的需求和挑战。

伦敦的公园群星

伦敦的皇家公园是世界上最著名的城市公园。雄伟的林荫大道、鲜艳的花坛、历史古迹和丰富的野生动植物资源交汇在一起，形成了公园群星的灿烂历史。www.royalparks.org.uk 是伦敦皇家花园的官网，列出了大多数对公众开放的皇家花园，如海德公园、肯辛顿花园、里士满公园、绿园、圣詹姆斯公园等。这些历史公园总占地面积超过 3 万多亩。

1. 海德公园 (Hyde Park)：伦敦最大的皇家公园之一，占地面积约为 2125 亩。1536 年由亨利八世为狩猎而建，1637 年在查理一世时代向公众开放。海德公园以其宽阔的草地、著名的水晶宫、赫赫有名的喷泉——融冰喷泉和墨西哥喷泉，以及人工湖——莱茵湖而闻名。当然还有一个著名的演说者之角 (Speakers' Corner)。由此可以看出，公园拥有重要的社交和社会属性。在维多利亚时代，公园就已经成为举办重大活动的重要公共空间。人们在自然的空间里交流、集会，也是公园的一项功能。海德公园作为伦敦的标志性地点之一，承载了丰富的历史、文化和社交活动。

2. 肯辛顿花园 (Kensington Garden)：与时尚的海德公园比邻而建，占地面积约为 1610 亩。高雅的肯辛顿花园亮点之一是肯辛顿宫，是英国皇室的官方住所之一。它最初也是国王们的狩猎场，1728 年应卡罗琳王后的要求，和海德公园的部分分开。肯辛顿花园仅在白天开放，更加正式规则，而且拥有完整的围栏。公园内还有彼得潘雕像和女王维多利亚纪念堂。

3. 摄政公园 (Regent's Park)：又音译作"丽晶公园"，占地约 2490 亩。摄政公园位于内伦敦，是伦敦最大的可供户外运动的公园。公园由向公众开放的花园和运动设施、伦敦动物园、伦敦摄政大学，以及不开放的别墅和其他住宅区组成。这里有伦敦人最爱去的野餐胜地樱草丘（Primrose Hill），还有市内最大的玫瑰花园玛丽女王花园（Queen Mary's Garden）。夏天，当空气中充盈着 12000 朵玫瑰的醉人香气时，你就会明白为什么诗人西尔维娅·普拉斯（Sylvia Plath）将这里描述为仙境。如果你喜欢玫瑰，那么一定要来这座园中园"朝圣"，这里原来是公园的苗圃，20 世纪 30 年代才对公众开放，后来为皇家园艺协会使用，每年五六月是这里最佳观赏玫瑰的时节。

4. 格林尼治公园 (Greenwich Park)：伦敦最古老的皇家公园之一，也是联合国教科文组织世界遗产格林尼治的一部分。公园包括美丽景观、卫星天文台、皇家天文台，以及从格林尼治山上欣赏伦敦市景的绝佳视角。古英语中，"-wich" 表示居点、村庄或小镇。许多地名中的 "-wich" 意味该地曾是人类居住或聚集的地方。

5. 切尔西花园 (Chelsea Physic Garden)：成立于 1673 年，英国第二

古老的植物园（最古老的是牛津植物园）。这个小型植物园收集和展示各种药用植物，最初是由药剂师协会建立而成，目的是为了培训学徒作为户外的教室，教学草药的治疗方法。所以这是一座教学花园，迄今我们可以在这里找到超过 4500 种可食用的、药用的植物，讲述着人类和植物的关系。1983 年，这里成为慈善机构向公众开放，花园对于草药学的研究和教育有着重要的贡献。Chelsea 一词的词源可以追溯到古英语单词 Cealc，意思是"白垩或石灰石"。在古代，切尔西地区是白垩和石灰石的采石场。Chelsea 一词意为"白垩或石灰石的降落地"（landing place for chalk or limestone），"切尔西"因此得名。现在 Chelsea 更多是与伦敦的文化、艺术、时尚和社交场所联系在一起的。

6. 邱园（Royal Botanic Gardens, Kew）：伦敦西南部泰晤士河畔的植物园，世界上最大的植物园之一。邱园可追溯到 1759 年，当时威尔士亲王弗雷德里克的遗孀奥古斯塔王妃（Princess Augusta of Saxe-Gotha）在她位于 Kew 的庄园里建造了一座植物园。1840 年，邱园被英国政府接管，并成为了英国国家植物园。邱园拥有世界上最丰富的植物收藏，包括超过 5 万种植物，占已知植物种类的 1/7，被联合国教科文组织列为"世界文化遗产"。邱园的植物来自世界各地；邱园的温室是世界上最大的温室之一。Kew 是地名，它可能来自于凯尔特语单词"cew"，意思是"神圣的地方"。

7. 里士满公园（Richmond Park）：始建于 13 世纪，是位于伦敦南部里士满的皇家公园。最初这里是皇家的禁猎地。18 世纪乔治二世时代，公园从封闭的狩猎场变成对公众开放的休闲地，逐渐成为市民休闲、欣赏自然的场所。这个公园以其广阔的草地、茂密的森林、丰富的野生动植物和迷人的景色而闻名。公园内有一片被称为伦敦荒原（London Heath）的开放区域，保留了一种原始的草地景观，具有独特的生态价值。Pembroke Lodge 是公园的制高点，乔治亚风格的宅邸，这里可以品尝到经典和现代的英式茶点（www.pembroke-lodge.co.uk）。

和伦敦人一起享受花草

伦敦有许多园艺活动和展会，如全世界最著名的切尔西花展、汉普顿花展，这些世界级的花园盛宴向公众展示最新园艺趋势和植物品种，也是花园爱好者和园艺行业的交流平台。英国皇家园艺协会（The Royal Horticultural Society，RHS）使命就是吸引并鼓励所有人都来种花种草种生活。由 RHS 主办的园艺展览几乎每两个月就有一次大型的活动。每年 5 月初有马尔文春季花展、5 月底则是著名的切尔西花展；其次是 7 月的汉普顿花展，这是全世界最大的花卉展，主要展示英国的夏季花园。其他还有 9 月的塔顿公园展，在官网 www.rhs.org.uk 能查到即将进行的各类园艺活动。如果你来到伦敦，记得抽空和当地人一起赶赴花花草草的盛宴。

花园下午茶也是一种生活方式，伦敦人喜欢和朋友们一起喝下午茶。当然你肯定知道下午茶这种形式就是起源于 18 世纪的英国，当时维多利亚时代的贵族们为了逃避繁忙的社交生活，经常在花园里举办下午茶会。下午茶会通常在下午四五点左右举行，宾客们会在花园里品尝茶点、聊天、欣赏花园的风景和美景。随着时间的推移，花园下午茶逐渐成为一种时尚的社交活动，并在英国以外的国家也流行起来。人们形成了共识：下午茶应该在花园（般）的环境中享用。

在伦敦，有很多餐厅或咖啡厅都会将花园的元素设计进来，比如在肯辛顿花园附近的巴洛克风格的橘园（Orangery），其餐厅就是享用优雅午餐或丰盛下午茶的理想场所。这里有个户外的露台，可以欣赏到宫殿及优雅花园的景色。伦敦丽兹酒店的露台花园（The Ritz Garden）也是享受下午茶的绝佳地点。位于里士满的彼得汉姆苗圃餐厅（Petersham Nurseries）也是融合了花园、餐厅、商店和艺术，以其独特的花园氛围和美食而闻名。

总之，伦敦的花园是都市花园中极具代表性的作品，完美表达了这个城市的精神。无论你对花花草草是否有兴趣，当你身临其境之时都能深深感受到它们的能量。

亨廷顿图书馆花园——流芳之香
The Huntington Library Garden—
The Fragrant Legacy

　　亨廷顿花园，全称为亨廷顿图书馆、艺术收藏和植物园（The
Huntington Library, Art Museum and Botanical Gardens）。它是洛杉
矶东北部圣马力诺市的一处重要文化机构，由企业家、慈善家和
收藏家亨利·E·亨廷顿(Henry E. Huntington)及其妻子阿拉贝拉·亨
廷顿（Arabella Huntington）于20世纪初创建的。亨廷顿同时也
是圣马力诺城市的创始人之一。

🔍 图书馆／艺术馆／花园／流芳园／日本茶园

▲ 亨廷顿花园中的沙漠花园仿佛是另一个星球

▲ 亨廷顿花园最著名的当属玫瑰园、流芳园和日本花园

▲ 是花园也是艺术苑，亨廷顿将雕塑艺术融合在自然空间中

亨廷顿花园是亨廷顿夫妇对艺术和美学之热爱的见证。

1903年，铁路大亨亨利·E·亨廷顿购买了圣马力诺牧场，这是一个距离洛杉矶市中心约19公里，当时仍在运营的牧场，拥有果园（包括柑橘、坚果等）、苜蓿作物、一群奶牛和家禽（该地产最初占地近3642亩，如今占地1257亩，其中789亩向游客开放）。1909年，亨利在自己的土地上建造了一座豪华的房屋，名为亨廷顿宅邸（Huntington Mansion）。

女主人是亨廷顿的第二任妻子阿拉贝拉·亨廷顿，也是亨廷顿叔叔的遗孀，曾被称为美国最富有的女性。他们年龄相仿，性格相投，于1913年结婚，但他们的婚姻震惊了旧金山社会。在亨廷顿1927年去世时，他们的财富估计为2亿美元（相当于今天的30亿美元）。亨廷顿对艺术的兴趣在很大程度上受到他这位妻子的影响，妻子热爱书籍和艺术，于是他们建造一座图书馆，以容纳他们日益庞大的收藏品。这些珍贵的古籍、艺术品等形成了后来亨廷顿图书馆和艺术收藏的核心。随着时间的推移，亨廷顿夫妇开始对他们的府邸进行扩建，并将其变为美丽的植物园。亨廷顿喜欢植物学和园艺，并聘请了许多著名

▲ 苏州园林在南加州呈现出另一番开阔明媚的气质

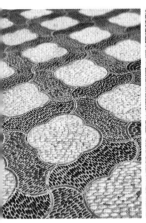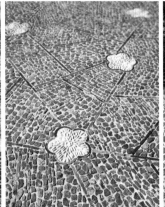

▲ 流芳园的各种铺地图案

的园艺师来设计和打理花园，包括乔治·格里芬（George Griffin）、约翰·查尔斯·奥斯本（John Charles Osbome）和威廉·沃尔特·斯图尔特（William Walter Stewart）。亨廷顿的花园包罗了各种风格的花园，包括自然蜿蜒的英式花园、规则庄严的法式花园、宁静禅意的日本花园及明媚的中国花园等。

因为没有孩子，夫妇二人决定将自己的财富和收藏品捐赠给公众。他们相信：艺术、文学和自然是人类精神的重要组成部分，应该被所有人欣赏。他们在遗嘱中将花园和植物园、图书馆和艺术馆收藏品捐赠给了亨廷顿基金会，该基金会是一个非营利组织，负责管理和保护花园。亨廷顿夫妇希望花园和收藏品对所有人开放，并成为"艺术、文学和自然的宝库"。

二人的遗愿得到了加州政府的批准，庄园于 1928 年向公众开放。今天，亨廷顿图书馆和花园是圣马力诺最受欢迎的旅游景点之一。每年有超过 100 万人参观花园。亨廷顿图书馆目前是世界上最伟大的独立研究图书馆之一，拥有跨越 11 世纪至 21 世纪的超过 1100 万件藏品。经过几十年的发展和扩建，亨廷顿花园成为美丽和宁静的绿洲。

▲ 苏州园林中有各种瓶形门，这些门洞模仿古代瓶器的造型、线条流畅、造型优美。瓶形门寓意着平安吉祥、富贵长寿等美好愿望

东方园林西方展示

很多年前我来过亨廷顿花园，那时候有部分花园正在维修，著名的流芳园（the Garden of Flowing Fragrance）就没有开放。2023 年寒假，疫情刚刚结束，我们来到洛杉矶的第一站就拜访亨廷顿花园。流芳园给我留下了深刻的印象，其灵感来自苏州的花园。中国明代，富裕的文人和商人在苏州建造了集建筑、水利、假山和花草、书法于一体的风雅园林。我的家乡在江苏泰州，那一带苏州园林、扬州园林都

是常见的景观，但当月亮门、荷塘、亭台楼阁、雕梁画栋出现在异域，即使它们是由地道的中国工匠打造，也有了不一样的效果。流芳园的亭台楼阁、花径、假山都是国际合作的产物。2000 年左右，苏州的设计师制定了花园的总体规划；美国建筑师确保它具有抗震性能并且可供轮椅通行。花园中所有可见的建筑材料——木梁、屋顶瓦片、花岗岩露台、铺路卵石，均来自中国，并由苏州工匠团队施工。在他们精美的工艺下，是美国建筑工人建造的混凝土地基和钢框架。

小时候我一直觉得苏州园林很适合躲猫猫，它狭小、幽暗的空间，又有着别有洞天的感觉，所以我对苏州园林一直都有清瘦、阴翳潮湿、庭院深深的感觉。但在南加州的艳阳中、洛杉矶湛蓝的天空下，占地 60 亩的中国花园经典代表似乎不再是明清般的瘦削，而是别开生面，呈现出了不一样的气质和风骨，变得更为明媚、闪亮，仿佛更有宋元时代的大气之感。也正因为这里明亮宽敞的格局，我观察到流芳园运

▲ 日本花园

用了 12 种不同的铺装图案。每一种铺地图案都有特定的名称和灵感，比如十字海棠式、冰纹梅花式、铜钱式、八角橄榄形、软锦卍字式等，大多有着吉祥的寓意，体现了造园人的美好愿望。这些地面共同创造了视觉多样性，很好地区分了花园内各个空间。

让我印象深刻的是：在流芳园古朴的展馆中，电子屏幕循环播放着这座庭园从无到有的建造过程，我第一次通过视频了解到假山是如何摆放并固定到花园之中的；第一次关注到寻常可见的鹅卵石花式铺装其实颇费功夫；也第一次发现原来滴水瓦上也有花草纹样的展示。这里成为海外了解中国庭园文化和历史的窗口。为了更好地研究东方园林，亨廷顿还成立了东亚园林研究中心（Center for East Asian Garden Studies），定期组织各类相关研讨和园林活动。好想参加一场啊！

16座珍宝花园

亨廷顿花园共有16座主题花园，每一座都是值得骄傲的珍宝。亨廷顿花园中的沙漠专区是世界上最大的沙漠植物园之一，占地600余亩，收藏了来自世界各地的15000多种沙漠植物，包括形形色色的仙人掌、多肉植物和棕榈树。花园分为不同的部分，每个部分代表这个世界不同的沙漠地区。园内还设岩石景观、

沙漠景观和瀑布景观。来到沙漠花园，看着身旁一棵棵巨大的金琥刺球，以及无数叫不出名字的多肉多浆植物在自由地生长，你会感觉仿佛是来到了另一个星球。

日本花园是亨廷顿花园中一片宁静的绿洲，是放松和思考的好地方。花园里有各种日本元素，包括锦鲤池、茶室和瀑布。亨廷顿夫妇曾经访问过日本，并对日本花园的设计和美学印象深刻。他们决定在他们的庄园里建造一个日本花园，以纪念他们的旅行。

缤纷的玫瑰园种植着 1,200 多种玫瑰，是世界上最大的玫瑰园之一，占地约 73 亩，收藏了来自世界各地的多种玫瑰，包括古老品种、现代品种和杂交品种。园内还有一个玫瑰博物馆，展示了玫瑰的历史和文化。

亨廷顿图书馆和花园每周二闭馆。每个月的第一个周四是它的免费日，零元的门票需要在之前一个月的最后一个周四提前申请才行。

　　什么是花园的理念？那是我们在设计花园时所要遵循的思想和原则，是我们希望通过植物和空间传递给人们的想法。它反映了花园主人的期望和需求，以及花园在社会和文化中的意义。

　　花园一定要有花吗？曾经我非常肯定地回答是！但在拜访过很多座花园后我觉得这个回答取决于花园设计者的理念和花园的用途。如果花园的理念是追求自然之美，那么花是花园中不可或缺的元素。花花草草为花园增加美感，营造氛围。如果花园的理念是为了提供休闲娱乐、教育学习，那么花草不是必需的。甚至有一些花园的设计理念刻意避免使用花卉，那些简洁的线条和几何形状，有很多种素材是可以来取代植物的元素的。

第二章
花园的理念
The Idea of Garden

施华洛世奇水晶花园——璀璨之境
The Splendor of Innsbruck:
Swarovski Crystal Gardens

　　奥地利西南部城市因斯布鲁克（Innsbruck）是蒂罗尔州（Tyrol）的首府，一条蜿蜒的因河 (Inn) 穿过城市，这座美丽的小城坐落在阿尔卑斯绿茵山谷之中，意为"因河上的桥"，远山是整座城市的宏伟背景。这里仍然保留着中世纪城市的容颜。一直以来，它是冬季滑雪的圣地，也是春夏休闲的好地方。历史上这里曾经是蒂罗尔公国，1363 年为统治欧洲长达 600 多年的哈布斯王朝所有，1919 年南部平原划归意大利，北部成为奥地利的蒂罗尔州。

黄金屋顶和水晶宫

因斯布鲁克就是蒂罗尔州的首府。它北临德国，南临意大利，西面通往瑞士，东面通往首都维也纳，地处山口南北要道，是一个位于中欧十字路口的城市。这座小城市独自美丽，有很多古老的建筑，大概最著名的是那片建于1500年哥特式风格的黄金屋顶了。

这镀金铜瓦的屋面金光闪闪，你走到旧城区的哈索费狄大街上一眼就能看到。当然它不一定有你想象的那么壮观辉煌，但足以闪耀整个因斯布鲁克。黄金屋顶是为了庆祝马克西米利安一世的第二次婚姻（与米兰的比安卡·玛丽亚·斯福尔扎）所建，现在是因斯布鲁克的经典标志。

这条大街既荟萃了古老的建筑，也遍布各类名品店。有天晚上我们路过这里，被施华洛世奇（Swarovski）的橱窗给吸引了。有两座镶满水晶的人像一直在旋转，随着灯光的折射，水晶从各个角度熠熠生辉。仔细看原来这两尊雕像正是黄金屋顶的主人夫妇：因为2019年是马克西米利安一世逝世500周年纪念年，施华洛世奇用水晶塑造了这对夫妇的半身像，并且还推出了黄金屋顶的项链挂件。我这才想起来，来奥地利之前，因斯布鲁克旅游局给我发过一份推荐参观的花园，其中特别推荐了施华洛世奇水晶花园，我以为就是个水晶卖场，所以没有关注到这个。回酒店后我查了一些资料，首先被宣传页上的阿尔卑斯山巨人喷泉给吸引了，总觉得在哪里见到过这个巨大的绿雕！然后我发现这个水晶世界不仅仅有卖场还有真实的花园，而且设计得还很不错，于是决定第二天去拜访。

施华洛世奇水晶世界位于郊外半小时车程的瓦腾斯（Wattes）小镇，享誉世界的施华洛世奇总部就在这里。在因斯布鲁克老城霍夫堡皇宫，就有去水晶世界的专线车，而且还是免费的。在去往水晶世界的路上，那时候还在上二年级的小樱桃一路都在问我：那里的水晶是真的吗？

▲ 水晶的世界也是一座晶莹的花园

奇先生在这里创办了一家水晶研磨公司，他从一开始就定下公司愿景：将人们审视水晶的角度从观赏一种纯粹材料转为灵感之源。瓦腾斯小镇成为施华洛世奇的总部工厂。光有工厂并不够，1995 年施华洛世奇创建了施华洛世奇水晶世界让人全面体验水晶的境界。那一年也正好是施华洛世奇公司 100 年诞辰之际。这个奇幻奇妙的世界是由多媒体艺术家安德烈·海勒（André Heller）设计的。

水晶云：柔软与坚硬

除了巨人展厅，这里有好几座主题花园景观和别具一格的艺术装置，让来参观的人们真正体验到艺术是如何融于梦幻园林景观的。

我说回来再告诉他答案。其实我对这个问题也不是特别明确，只知道是仿制的。但我不想只用"真的"或"假的"这个答案来回复他。

瓦腾斯小镇在一座绵延山坡的侧面，如果没有施华洛世奇的名声，这里就是一个普通的、田园牧歌式的山谷小镇。也正因为它如此偏僻安稳，就连世界大战的战火都难以蔓延过来。这一优势吸引了施华洛世奇的创始人丹尼尔·施华洛世奇（Daniel Swarovski）。在这里建立公司，有助于躲避战乱和同行模仿。于是，1895 年，丹尼尔·施华洛世

水晶云无疑是一个充满想象力的崭新景观。2015 年，施华洛世奇公司诞辰 120 周年之际，这里做了有史以来规模最大的扩建，当时建造了壮观的花园景观，让水晶世界的面积翻了一番，总面积达 7.5 公顷，并且设计师将这里完全融合到周边

▲ 水晶云

▲ 坐看水晶云的世界

的自然中，1400平方米水晶云就是那时候诞生的，它悬浮于黑色水镜之上，由80万颗施华洛世奇水晶和金属网手工镶嵌而制成，由安迪·曹（Andy Cao）和泽维尔·帕罗特（Xavier Perrot）设计，用质地坚硬、光彩夺目的水晶来表达温柔、轻盈的洁白云朵，这是怎样的奇思妙想？我站在巨大的云朵之下，深深地感慨设计师的天马行空！

云层之下，一条逐渐降沉的小路直抵湖水中央，而即使在明亮的白天，水面也能反射水晶散射的光芒，宛若黑夜中的广袤星空——是的，这个能反射水晶的水面其实是黑色的，应该是设计师特别安排设计的。我还特意用手去蘸了下，里面好像加了墨汁这样的染色剂，难怪这个水面反射看起来有点特别呢！黑色水镜中央矗立着奥地利本土艺术家托马斯·费尔施代恩（Thomas Feuerstein）用一万多块水晶精心打造的利维坦（Leviathan）雕像。利维坦既是《圣经》里威力无比的海怪，也是英国哲学家、自然学说代表托马斯·霍布斯（Thomas Hobbes）在1651年出版的同名著作。这种水晶组合的艺术形式寓意如果不查阅设计师创作理念，还真是不太好理解。

水晶云附近还有马戏团和露天游乐场，还有一座高达五层的巨塔能让孩子们玩耍一整天。这里的多层游玩巨塔是我见过最好玩的空间——当然是对孩子们。这里有着不拘一格的空间体验，尤其是最上部两层，是用结实的网线拉系固定而成，看起来完全是悬浮在空中的感觉。塔体透明的玻璃结构让孩子们一眼可以看到户外的山坡草地、蓝天白云，如同就在户外却无风雨之虞，时不时还有手握平衡杆的走钢丝人经过头顶，引来大人小孩惊叫一片。总之，这里是小樱桃此行最大的乐趣所在了。他从五层爬下四层，又从四层蹦蹦跳跳探索到三层，这里的巨塔通体融会贯通，太合适带着孩子一起来玩了，孩子们在游乐区玩，妈妈购物，爸爸在餐厅喝咖啡，那谁来看孩子呢？这座游乐塔的每一层都有负责的工作人员！果然，直到晚上七点半关门，小樱桃才恋恋不舍地离开。

回程的班车上我已经想好了答案，关于他来时的问题——"这些水晶是真的吗？"

它们其实是人们设计制造的高质量仿水晶，它们是产品、是商品、是珍品、是饰品，也是一份份艺术品和作品。这些设计品最重要的并非材质的闪耀，而在于其中蕴含的璀璨理念和思想。创意比材质更重要。

▲ 伯班克的故居花园

滨菊源园 ——育种大师卢瑟·伯班克的实验花园
Home of the Shasta Daisy—Luther Burbank's Experimental Garden

　　我喜欢花花草草，但并不专业，只是单纯地喜欢花园。在我参观拜访过的花园中（包括国内很多漂亮的私家花园），无论大小，其实没有几位花园主人是园艺专业人士，他们来自各行各业，只是，大家对花园的热爱都是一样的。

2009 年我第一次去纳帕溪谷旅行，参观了当地著名的酒庄、庄园，也意外拜访到一座当地的花园，并不大，看起来很普通，但它的主人在园艺学上却很有名——美国著名的园艺学家、果树栽培学家卢瑟·伯班克（Luther Burbank）。可能你不一定听说过他的名字，但你一定吃过麦当劳的薯条吧？这种薯条并不是哪种土豆都能油炸出来，用的最多的土豆品种就是由伯班克 1871 年培育出来的，叫作 Russet Burbank Potato。他在 50 年职业生涯中，培育出了 800 多个植物新品种，就好像专为培育植物而生。

醉心育种的土豆主人

卢瑟·伯班克出生于马萨诸塞州的兰开斯特。从小他就对自然很感兴趣，经常收集野花的种子在家里种植。在完成学业并在一个小工厂工作一段时间后，21 岁的伯班克买了一小块地，开始种植商品蔬菜。随着对植物育种兴趣的增加，他有了新的想法——通过挑选来驯化优良品种，并通过杂交（cross breeding）培育新品种。

伯班克的职业生涯正是始于在自己的花园里种植马铃薯。你知道吗？马铃薯也开着美丽的花朵，而且也会结种子，人们大多数会直接用块茎来繁殖土豆，大多数人会忽视不可食用的种子，但伯班克一直在阅读查尔斯·达尔文的书。达尔文认为每种植物都含有无数可能的变异，他对 23 种马铃薯种子进行了种植。最终只有两种产出了马铃薯，其中一种就是今天我们吃的土豆，它有棕色的外皮，白色的肉。后来被称为伯班克马铃薯。他以 150 美元的价格将新马铃薯卖给种子经销商（他卖 500 美元，但对方只给了他 150 美元）。这种大型的棕皮白肉土豆已经成为美国主要的加工马铃薯。麦当劳餐厅供应的炸薯条来自于这个品种。这种土豆个儿大，并且植株较强壮，可抵御虫害，也耐储存不易腐烂。

1875 年，伯班克决定搬到加利福尼亚州纳帕溪谷一带，一是因为他的三个兄弟住在那里，二是因为他觉得那里的气候和条件对园艺工作更好。他在圣罗莎（Santa Rosa）定居，购买了一块占地约24亩的土地，并开始从事苗圃业务。

那年我拜访的就是他的故居，这里自1960年起捐给政府，全年对公众开放，由圣罗莎小镇管理。他曾经在这里倾注所有的心血，沉浸在自己热爱的园艺事业。他培育的蔬菜、水果、花草超过了800个品种，除了伯班克土豆还有李杏（plumcot，李子与杏的杂交）、无刺仙人掌（这种仙人掌既可食用，也可做家畜饲料，以及大滨菊。伯班克的主要兴趣在于育种。与其说他是位科学家，不如说他是位实践种植家。他的花园就是他当年的育种基地，不过这里不是中规中矩的苗圃，而是一处美丽的阵地。

滨菊之父

老实说，我对土豆倒是没有特别的兴趣，但对他花园里的大滨菊非常有兴趣！而在我去拜访之前，并不知道这种已经开满各国花园的大滨菊就诞生在这里。大滨菊也叫牛眼菊（*Leucanthemum x superbum*），是两种欧洲野生雏菊和日本纯白雏菊共同杂交的产物。

现在我们先了解下Daisy这个词，在中国通常被翻译成"雏菊"，它已经成为一些菊科花儿的通用名称。单词daisy是day's eye（白天的眼睛）的缩写形式，说明雏菊花的外形像太阳。通常是洁白的花瓣围绕着一个金黄色的花芯，这是一种菊科植物的经典排列。每一个细小的茎上长着头状花序，锯齿状的叶子相隔较远。

伯班克喜欢雏菊，还是在家乡马萨诸塞州的时候，他就喜欢家门前榆树下生长着的野雏菊。这种牛眼雏菊（Oxeye Daisy）在整个新英格兰都很常见，是朝圣者们从英格兰不经意中引进的。这位年轻的植物育种者受到启发，构想出一种理想的雏菊版本：有非常大的纯白色花朵，花瓣修长，还有光滑的茎秆，开花早而且持久绽放，并且具有良

▲ 大滨菊

好的切花品质和瓶插期（即不再是野花易凋零，而是成为一种可以持久的花瓶鲜切花）。

所以他开始努力培育自己的理想版本。1884 年，他先在圣罗莎的房屋南侧种上了牛眼菊的种子，这是他在新英格兰收集的。他让昆虫为花朵自然授粉（开放授粉），并选择其所结种子进行重新种植（选择性育种）。他把这个过程重复了好几个季节，但花朵并没有明显的改善。

然后他用英格兰田间雏菊（English Field Daisy，这种雏菊的花朵比牛眼菊更大）的花粉对这些早期选择中最好的花朵进行授粉，杂交后的幼苗开花更多更大了一点，之后这些杂种再用来自葡萄牙的田地雏菊（Leucanthemum lacustre）花粉交叉授粉，这个过程花了 6 年时间。

但结果仍然不满意—— 显然花朵不够白。之后他用日本田野雏菊（这种雏菊以其白色花朵而闻名）为这些三重杂交种授粉，结果终于得到了接近他想象中的那朵花。1901 年，他向公众介绍了"Shasta Daisy"（简单翻译为大滨菊），它以加利福尼亚闪闪发光的白色沙斯塔山来命名这种雏菊，即 Leucanthemum × superbum。育种整体耗时 17 年。

纯洁的大滨菊花瓣修长洁白，自它诞生起，就备受美国花园人的珍爱，成为花园中流行的偶像级花朵。2001 年是路德·伯班克推出大滨菊的 100 周年纪念日，现在它已经开遍世界各地，包括中国的花园。国内还可以买到一种春白菊，花色、花型和大滨菊很相像。

除了大滨菊，伯班克还培育了剑兰（Gladioli）、大丽花（Dahlias）、铁线莲（Clematis）、罂粟（Poppies）、孤挺花（Amaryllids）和很多玫瑰新品。他花了16年来研究百合，培育了株高从15～180厘米的各个品种。他在圣罗莎做的试验超过了3000个，名声传遍全世界。他的目标是想要去改良植物的品质并且增加地球上的食物供给。他曾说自己的兴趣不仅在于种植植物，还在于努力改善它们并使它们对人类更加有用。加州政府为感谢他的卓越贡献，特将他的生日那天定为植树节。

什么是科学家？

尽管伯班克培育出那么多植物品种，但他仍然被科学家们批评，因为他没有保留科学研究中常见的那种细致记录——这大概是因为：他主要对结果而不是基础研究感兴趣。普渡大学园艺与景观建筑学教授朱尼斯·贾尼克（Jules Janick）博士在2004年版的《世界图书百科全书》中写道："伯班克在学术意义上不能被视为科学家。"

那到底什么样的人才能成为一位名垂青史的"科学家"呢？这个问题让我想起很多年前听过的一个故事，关于白色金盏花的故事。

这个故事被收录在很多小学课外读物上，我相信它是真的。

这是很多年前的事情了，美国一家报纸曾刊登了一则关于园艺研究所重金征求纯白金盏菊的启事，这在当地引起一时轰动。高额的奖金让许多人趋之若鹜，但在千姿百态的自然界中，金盏菊除了金黄色的就是橙红色的。要培养出白色的，不是一件易事，所以许多人一阵热血沸腾之后，就把那则启事抛到九霄云外去了。

有位老太太（或许那时候还没有太老）在报上也看到这则启事，她想，白色的金盏菊，真是不可思

▲ 伯班克的花园掩映在绿树红花之中

议，不过我为什么不试试呢？于是她对儿女讲了，他们一致反对，说："你根本不懂种子的遗传学，专家都不能完成的事，你这么大年纪了，怎么可能完成呢？"

老人决心一个人干下去，她播下了金盏菊的种子，精心伺弄，金盏菊开了，全是金黄的，老人在中间挑选了一朵颜色最淡的留种，到了第二年，她又把这些种子种下去，然后，再从这些花中挑选出颜色更淡的花的种子栽种……

一年又一年，春种秋收，循环往复，老人从不沮丧怀疑，一直坚持。儿女长大离家，丈夫去世了，生活中发生了很多事，老人处理完这些事之后，依然满怀信心地培育金盏菊……20年过去了，有一天早晨，她来到花园，看到一朵朵花开得尤其灿烂，它们不是近乎白色，而是白得如银似雪。

她把一百粒纯白金盏菊的种子寄给了20年前的那家园艺所，她甚至不知道这则启事是否还有效，不知道在这漫长的岁月里，是否早有人培育出了纯白的金盏菊。

等待的日子很漫长，因为园艺所要验证那些种子。终于有一天，园艺所所长打电话给老人说："您寄来的种子开出的花是雪白的，但是因为年代久远，奖金不能兑现，您还有什么要求吗？"

"我只想问你们还要黑色的金盏菊吗？"老人对着电话筒小声说，"我能种出来。"

……

有读者质疑过这个故事的真实性，假如你对园艺没有感觉和认知，确实是会这么想。我种过金盏菊，我相信这个故事的真实性。我曾经在《中国花卉报》上读到一位临洮老爷爷痴心培育牡丹的真实新闻报道《孙生顺：牡丹开寂寞都因育种痴》，很类似这位培育白色金盏花的老奶奶。

无论是培育出白色金盏菊的老奶奶，还是临洮育种紫斑牡丹的老爷爷，还有这位园艺学家伯班克，热爱和坚持是他们共有的品质。他们可能不是学术科学家，但无疑是实践育种家，我想向所有执着于自己热爱的人致敬。

好了，让我们把思绪转回吧。

花果实验室

伯班克的生涯中，位于圣罗莎24亩大的农园是他的实验基地，在他过世前十年卖掉了一些土地，剩下的也就是现今所存留下来的。他过世后，其夫人将农园中心重新设计，并且于1960年捐献出来成为一个纪念公园。这个安静的地方，有石头喷泉，四周以木头篱笆围绕遮蔽着，满足了伯班克夫人的愿望——一个植物为奇想主题的花园，至今都没有改变。

该花园和其他美国别墅花园一样，分为前院和后花园。前院的居室可以参观，可以看到伯班克当年生活和工作的痕迹。在后花园可以欣赏到主人对园艺事业的贡献：无刺仙人掌、仙人掌花型的大丽花、

▲ 故居花园也是伯班克育种的展示地

大滨菊、无刺黑莓等。游客还可以
看到他特制的小苗圃和温室。管理
者为了让游客能更好地了解主人的
贡献，特别在每株花草前面设置了
说明牌。在抬高的花床里，种植着
主人的美好"作品"，经常有游人

来拜访，当地居民也会来此小坐。
后花园美丽大方。在粉色紫薇树的
掩映之下，洁白的玫瑰花门、小鸟
喷泉和温柔的银莲花交互辉映，令
花园沉浸在粉色的浪漫之中。每天
都有园艺师细心维护花园，修剪枝

叶，花园总是保持美好的状态。

伯班克的花园其实看上去很简单，这让我想起他的朋友对他的评价："他的内心深不可测、执着、谦卑、富有牺牲精神。他在玫瑰丛中的小房子非常简单。他知道奢侈的无价值、种植的喜悦。他谦虚地头顶着他的科学名声，一再让人们想起那些被累累果实压弯的树木，那些贫瘠不结果的树木却在空荡荡的土地中昂起头来。"

踏着星辰一路向上

马赛克楼梯花园——拾阶的艺术
Mosaic Stairway Garden—The Art of the Steps

旧金山湾区（Bay Area）是一个大的都市区域，包括旧金山市、奥克兰、伯克利、帕罗奥托、圣何塞等周边好几座城市，也是我特别喜欢的地方，这里四季分明，冬不冷夏不热；地中海气候下的冬季雨水仍频，湾区的山坡泛出了湿润的绿色，沿途都是绵延起伏的抹茶青丘，处处都是"湾区小瑞士"的迷人景色。也正因为这样温和湿润的气候条件，优秀的花园景观在这里处处可见。

🔍 台阶/马赛克艺术/阶梯花园/花园阶梯

这一天，山景城的园艺专家刘大欣老师专程带我去旧金山城市拜访各类花园，其中有一处就是著名的马赛克楼梯。刘老师告诉我：旧金山这样的"山城"有 7 条这样的马赛克楼梯，最著名的就是他带我来的这条，位于 Moraga St. 15th 和 16th Ave. 交界处。这座色彩斑斓、内容和内涵极为丰富的马赛克楼梯也被称为"十六街瓷砖阶梯"（16th Avenue Tiled Steps），共有 163 个台阶。阶梯位于旧金山的陡峭山坡上，连接着旧金山的两个著名社区——金门高地（Golden Gate Heights）和日落区（Inner Sunset）。

这座彩色的楼梯是旧金山一个著名的旅游景点，吸引着很多旅行和摄影爱好者前来欣赏、攀登、留影，也吸引着我这样的花园爱好者前来膜拜。

封印山海的台阶

多丘陵和山地的旧金山，阶梯很寻常，但不寻常的是用马赛克瓷砖这样的铺砌手法，让一条单调的混凝土阶梯变成了一条可供欣赏的景观之阶。山高坡陡，但有志者，终能登顶。

这条"海洋之旅"主题的马赛克楼梯经常出现在各类图库中。很多时尚、旅行、景观类杂志都曾经介绍过它。整个阶梯设计非常精致，每一块陶瓷砖都是精心绘制，最后组合成令人惊叹的图案和景观。阶梯的色彩和图案随着高度而渐变，如同一幅绵延而上的立体海洋和天空的史诗巨著；我一边登楼梯一边感受这神奇的台阶花园，仿佛在进行一段奇妙的海洋之旅。拾阶而上，一步一脚印，一步一风景。往上看，就好像将会登上人生的巅峰。等爬到楼梯高处时再回首，无限风光尽收眼底，台阶下正对的笔直街道，一直可以延伸到远处浩瀚的蔚蓝大海。这是一段彩色的楼梯，也是一项了不起的艺术装置。当你沿途攀登的时候，不得不赞叹这壮丽的艺术创作，也惊讶人们是怎么得来的灵感？如何做到这样细致而美丽的表达？他们如何想到要做这样一个台阶？又花了多久才建造而成呢？

而最让我惊叹的是：这条彩色

▲ 登上台阶回首来时路，遥看远方山海

的台阶和旁边坡道的花园，来自当地居民自发的艺术创作，是邻里社区合作的结果。当时的主题拟定为"从海洋到星空"，从台阶底部一路爬升而上。项目源于社区居民Alice Yee Xavier 和 Jessie Audette 的努力，他们希望给所在社区增添一些艺术氛围，决定将普通的混凝土台阶设计成一个引人注目的艺术品。该项目 2003 年启动，用艺术连缀金门高地的社区，提升街区的美感，也将邻居们凝聚在一起了。

他们还邀请艺术家 Aileen Barr 和 Colette Crutcher 来合作，大家在 163 块马赛克瓷砖上描绘了人间的山海和日月星辰……台阶成为一座艺术的花园。

2005 年 8 月 27 日，这座了不起的彩色楼梯举办了正式的开放仪式。舞狮者引路走上了台阶，鞭炮齐鸣。当时意大利西西里岛的卡尔塔吉罗内市长也专程来加入庆祝的行列。卡尔塔吉罗内也有一条建于 1606 年的著名台阶（Scalinata di Santa Maria del Monte）。旧金山马赛克楼梯开放的当天，还被宣布为"第 16 大道瓷砖台阶日"（16th Avenue Tiled Steps Day）。

周边的邻居们、企业和公司也纷纷捐赠了费用，并且还成立了 Moraga/16th Tiled Steps 维护基金，用于后期台阶及周边花园的维护。同时，社区内还先后举办了三场马赛克工作坊，让所有人都可以参与马赛克瓷砖的制作。

有意思的是，旧金山还有一个特殊的组织——"美丽旧金山"（San Francisco Beautiful），一个非营利组织，使命是提升旧金山城市的美丽景观，保护历史遗产和独特自然环境。"让旧金山城市更美丽"（Let's Keep San Francisco Beautiful）是他们的口号。这个组织成立于 1947 年，是由一群关注旧金山城市环境和美学的公民共同发起的，鼓励居民共建有特色的社区，传达易于理解的公共艺术，并与当地政府、社区团体和其他相关组织合作，共同致力于让旧金山成为一个更美丽、更宜居的城市。

2006 年，"美丽旧金山"组织特别拨款，帮助开发楼梯北侧的花园，种植了加州本地的植物和很多低维护的多肉植物。2010 年，旧金山多肉协会又为这里捐赠了许多多肉植物，进一步美化花园。后来陆陆续续有不同组织给予各类支持，现在这座阶梯花园还在山坡种植了植物，用于支持当地濒临灭绝的绿毛蝴蝶（Green Hairstreak Butterfly）。

下篇　花园之术

The Art of Garden Design

第三章、
花园与城堡

如果没有花园，那么城堡只是一堆坚固的建筑堡垒。现在我们看到的城堡很多和花园交织在一起，它们各自具备重要的象征意义，城堡代表权力和财富，而花园象征美丽、和平和繁荣。

　　在许多文化中，花园都被视为天堂或伊甸园的象征。它们也都具有重要的审美价值，城堡以宏伟壮观的建筑而闻名，花园则以其精致的布局和美丽的植物而闪耀。大多数花园是为城堡而设计的，比如法国的凡尔赛宫花园、英国的温莎城堡。那么中国的避暑山庄、日本的姬路城是否也同属一个范畴呢？

雕塑在西方花园中不仅具有景观的美学价值，给花园带来一定的趣味性和功能性，也可以用来代表神话人物、宗教故事等，赋予花园更深层次的文化内涵

HEX 城堡——花园的魔力
HEX Castle—The Magic of the Gardens

　　欧洲城堡的标配就是花园，为了凸显其庄严尊贵的地位，体现规则和秩序，大多数城堡中的花园为对称的法式风格。在比利时这个城堡众多的国度，著名的城堡和花园有很多座，以花和花园闻名的城堡也不少。在争奇斗艳的城堡花园中，魔力城堡（Kasteel Hex）的玫瑰园可谓一枝独秀。

　　🔍　贵族 玫瑰园 蔬菜园 玫瑰评选

城堡的花园节

魔力城堡位于比利时东部，是一座蔚为壮观的私人城堡，建于1770年。今天，城堡主人一家仍然住在这里。魔力城堡不仅包括城堡建筑，还有法式花园、英式蔬菜园、900多亩的英国自然风景园和附近的森林。城堡的花园中还有一座中式花园，那是100多年前欧洲人心目中的"中国花园"。魔力城堡的主人吉斯兰·德·乌瑟尔伯爵（Count Ghislain d'Ussel），在比利时拥有崇高的地位。虽然城堡本身并不对外开放，但为了分享花园中的玫瑰花园和蔬菜花园，主人会在每年花开最盛的季节举办花园节，对公众开放。根据玫瑰花期，花园的开放日期一般安排在每年6及9月的第二个周末，花园节期间还会邀请各国著名的玫瑰育种公司来展示自己的新品种。除了花草园艺，花园中还会举办各类戏剧、花艺展示活动。

城堡最早的建造者是列日王子主教弗兰兹·卡尔·冯·维尔布吕克（Franz-Karl von Velbrück）。后来，城堡庄园由乌瑟尔伯爵私有，他的家族及后代保持并呵护着城堡。

魔力城堡的玫瑰园一直都是历任主人的骄傲，这里种植着许多古老的玫瑰，大概有1400多株，500多个品种。它们出现在庄严的对称式花境中，也淀放在混合的自然式草花花境里，还有篱笆和栏杆上，也都自由地攀爬着各种藤本月季和蔷薇。在西欧地区，犬蔷薇是最古老的本土物种，有30多种，但全世界已知有200多种野生玫瑰种[1]，魔力城堡就收集不少，它从一开始就不断引进各国的蔷薇科植物，来自尼泊尔、中国的蔷薇和月季都有种植，甚至还包括18世纪时东印度公司从中国进口的玫瑰品种。所以你参观的时候，会发现很多在国内都已经很少见甚至成为珍稀品种的中国月季。

魔力城堡保卫着世间美丽的玫瑰，并以此为使命。无论它们来自何方。这些珍贵的玫瑰基因将有助于现代育种家育出更多更新的品种。

注：[1] 玫瑰、月季、蔷薇英文均为"rose"，本文中的玫瑰学术上为现代月季。

▲ 玫瑰花园是 Hex 城堡的骄傲

为了庆祝并致敬魔力城堡向公众开放 20 周年，很多忠实的玫瑰育种商以该城堡命名了一部分新的玫瑰品种。比如比利时著名的 Lens 玫瑰公司就培育了'魔力花园'（Gardens of Hex）；德国著名的玫瑰育种公司（Peter Beales Roses）命名了一款月季叫作'魔力城堡'（Kasteel Hex）；另一家玫瑰育种公司 Vierländer Rosenhof 推出了一款'魔力精神'（Spirit of Hex）。

说到植物命名，我们中国园丁在培育新品种的时候喜欢用吉祥的

▲ 将各种玫瑰与薰衣草交织种植

名字，或者用数字编号来命名，而西方的植物育种者特别喜欢用人名来为花卉命名，可以是自己的家人、朋友，或者欣赏的名人、王室成员、宗教人士、政治家、艺术家。2016年，Lens公司特别将一款香槟色的月季，以伯爵夫人斯特凡妮·乌塞尔（Rosa Countess Stéphanied'Ursel）的名字命名。在过去的半个世纪里，魔力城堡的玫瑰收藏一直在扩大，花园涵盖了很多珍稀的玫瑰品种，这些

玫瑰颜色各异，争奇斗艳，它们不但见证了城堡的历史，也为城堡增添了无尽的浪漫气息。

对玫瑰的热爱在几代城堡主人中延续，已故的南达·德·乌塞尔伯爵夫人（Ness d'Ursel）对玫瑰园的拓展作出了很大贡献，她酷爱玫瑰，平时会对着玫瑰绘画素描，并且在自己的笔记本中特别记录花园中的玫瑰，后来她和朋友一起合作，

出版了《魔力城堡的玫瑰》一书，现在，我们在花园节期间仍能买到这本书。

魔力城堡愿意向公众打开自己的大门，得益于主人本身就特别热爱园艺，他也希望可以把自己的花园分享给大家。而一年一度的花园节，正好让许多人有机会在轻松的氛围中体验花园，也遇到更多热爱玫瑰的朋友。

玫瑰的选美组织

1998 年，魔力城堡玫瑰花园被世界月季联合会 Word Federation of Rose Societise WFRS）授予"花园卓越奖"（WFRS Award of Garden Excellence。截至 2024 年，全球只有六七十座玫瑰园获得协会颁发的这个荣誉，它们都是在玫瑰领域作出过杰出贡献、而且本身非常美丽的玫瑰花园。

在中国，目前也有 5 座获得这个奖项的玫瑰花园。即 2009 年深圳人民公园 、2012 年常州紫荆公园月季园 、2015 年北京市植物园玫瑰园、2018 年北京大兴月季园、2022 年上海的辰山植物园玫瑰园。

世界月季联合会于 1968 年在英国伦敦成立（www.worldrose.org），其代表来自各国的玫瑰协会，是全世界最大最权威的玫瑰组织。协会每三年举办一次大型国际会议，汇聚来自世界各地的玫瑰爱好者和专家，进行花园参观和专家讲座。

第 20 届世界玫瑰大会将在 2025 年由日本玫瑰协会主办，主题是"未来玫瑰"（Roses for the Future）。

除了致敬玫瑰园，评选最美的玫瑰也是 WFRS 其中一项重要的任务。实际上，不仅 WFRS，每年全世界有很多组织举办的类似的评选，根据月季的花色、花型、花径、花香、抗性、叶片、株型等综合的标准，现场评出每年的获奖品种。而且每个测试竞赛只有一个金奖。WFRS 每三年由协会会员投票评选"世界最受欢迎的月季品种（World's Favourite Rose）。

▲ 各种形态的玫瑰在城堡随处可见

还有一个类似的奖项"全美月季优选奖"（AARS），来自美国玫瑰协会。这个每年都评，所以获奖的玫瑰品种较多，影响比较大，（当然 WFRS 的评选更全面、更权威，少而精）。很多资深的玫瑰爱好者都很熟悉。

美国玫瑰协会成立于 1892 年，旗下拥有众多玫瑰园，总部位于路易斯安那的美国玫瑰中心（American Rose Center）。如今该协会已有130 多年的历史，在世界各地都有会员，并且在每个联邦州都有社团。美国玫瑰中心的花园位于路易斯安那州 Shreveport 附近一个占地 700 多亩的树林中，这里是全美最大的玫瑰公园。协会还组织学者著书立说。最初出版于 1930 年的《现代玫瑰》，在全球范围内收集了 2511 种玫瑰，现在协会的"现代玫瑰"数据库已经拥有 37000 多个注册玫瑰品种。这是多么庞大的一个数据。

▲ 规则的绿篱设计不仅能划分出空间、创造出层次感，更重要的是可以彰显城堡地位的秩序感和威严。它同时也能营造出封闭和安全感，也易于日常维护和管理

根加盤城堡被人們親切地稱作"鮮花城堡"

鲜花城堡 & 蔺草城堡——以花之名
In the Name of Flowers

　　比利时每平方千米范围内的城堡数量比世界上任何国家都多。现在全国约有 3000 座城堡，许多城堡在 1830 年比利时建国之前就已生机勃勃了。这里介绍两家我特别喜欢的城堡公园：拜加登城堡和蔺草城堡。

🔍　拜加登城堡 奥尔登比曾城堡 园艺展 花艺大赛 灯芯草

拜加登城堡
Groot-Bijgaarden

　　布鲁塞尔郊区有一座以鲜花闻名的城堡，叫做拜加登城堡。每年只4~5月对公众开放，能拜访的短暂时间显得格外珍贵。这座城堡每年承办布鲁塞尔的国际花展，也因此被大家誉为"鲜花城堡"。这座森林中的城堡距布鲁塞尔市城区7千米，占地14公顷，春天似乎所有的花朵都集中在这里了，尤其是球根植物，据说每年都多达100万株，光是郁金香的品种就超过400个。

　　这座城堡的历史可以追溯到15世纪，历经数百年，几易其手，现任主人夫妇也还住在城堡中。城堡里有比利时著名的历史建筑，其古老的佛拉芒文艺复兴风格，美丽而纯粹，还有1000平方米的现代温室，展示着比利时和荷兰的花卉和植物，包括鲜切花。前几年主人在整理城堡文件的时候找出了一张百年前的迷宫图案。植物迷宫在西方是很盛行的，也是西方园林景观的代表之一，在很多宫殿、城堡中都有设计，

▲ 拜加登城堡开放的月份正是春季球茎花卉怒放的季节。

▲ 城堡温室也是花展的品种展示区。这是一件设计巧妙的风铃礼裙，游客可以站到礼裙的后面呈现出穿上的效果

▲ 鲜花城堡不仅有森林、花园、草坪、温室，还设置了很多让游客休憩的区域

通常用树篱灌木来制作。拜加登城堡的女主人用这个古老的迷宫图案设计出了一个别致的郁金香迷宫，但是因为郁金香低矮，所以一目了然，走起来也就非常简单。

蔺草城堡 Alden Biese

Alden Biesen 城堡通常被音译为"奥尔登·比尔森城堡"，但我喜欢自己的翻译"老蔺草城堡"。它的历史始于 1220 年，十字军东征时期。当时德国条顿骑士团（Teutonic Knights）在此创立了修道院，后来陆军指挥官留了下来，这里成为了他们的总部；最初他们获得的所有收益都用于十字军东征的理想，后来则开始花在他们奢侈的生活上。城堡在 16—18 世纪发展最为鼎盛，18 世纪末，法国大革命结束后，这里的城堡建筑群被公开出售，纪尧姆·克拉斯（Guillaume Claes）收购了这片领域，之后的 200 年间归私人所有；第二次世界大战之后这里开始萧条，在 1971 年一场大火之后，比利时国家买下了这个城堡，使之成为佛拉芒政府的欧洲文化中心。

如今古堡对公众免费开放，这里俨然成了一个集文化、历史和自然景观于一体的好去处。古老的建筑和植物秩序井然，护城河、教堂、十一税谷仓、骑术学校都依然还在。城堡正面保留着当年规则对称的法式花园，是典型的几何设计。经历过几个世纪的英国风景花园依旧美丽，而且林荫更为浓厚，树干更为粗壮，很适合人们休闲漫步。城堡还拥有 240 多亩独特的果园，是西欧保存最大的公共果园，保存着 500 多种果树的古老品种，其中一些只有在这里才能找到。

古堡还举办各类充满活力的世界级文化活动，比如艺术展览、戏剧、音乐、马术等，包括国际花艺界的顶级赛事 Fleuramour，在每年的 9 月底举办，来自 20 多个国家 400 余名花艺师云集于此，城堡变身为花的天堂。

要是你不想回顾城堡漫长曲折的历史，可以了解下城堡的有趣名

▲ 古老的蔺草城堡举办着世界最新潮国际花艺大赛

字。一般人并不知道，Biesen 其实是当地的一种水生植物——灯芯草。这种草一般生长在沼泽湿地或沟渠附近的浅水处，荷兰、比利时低洼带多有野生，它是来自莎草科家族的一种高产水生植物，修长柔韧，有 1 米多高，人们收割它的茎秆干燥后作为编织物的原料。茎秆为圆柱形，内部充满乳白色海绵状的髓，这使它们能够吸收大量的水分，茎秆柔软，可以向各个方向弯曲。

其实这种灯芯草在我国也很常见，对它的运用就更为丰富了，人们不仅用来编草席、蓑衣、草鞋，还用来绑粽子，还取其中的草髓捻成灯芯。《品汇精要》如此介绍："灯芯草，蒔田泽中，圆细而长直，有鞘无叶。南人夏秋间采之，剥皮以为蓑衣。其芯能燃灯，故名灯芯草。"

城堡附近很多湿地直至现在还生长着灯芯草，当年应该更为繁盛，城堡也就故此得名。Alden 的意思则是"old"，因为在之后的几个世纪中，城堡拥有者又在马斯特里赫特城那边建了一个新的城堡，距离这里大概 20 千米，所以旧城堡的名字就叫作"老蔺草城堡"啦。

这里距离比利时首都布鲁塞尔车程 1 小时左右，属于林堡省；这座历史古迹旁前几年刚刚开业了一家全新的 Martin's Rentmeesterij 酒店，使得城堡更具活力。

绿篱之箭寓意着方向和指引，也象征着力量和穿透力

橡树林城堡——永固的城堡，不朽的园林
Egeskov Gastle and Gardens
—A Journey Through Time

　　丹麦是童话的国度，这里有童话般的城堡和花园。2019 年，受丹麦旅游局和菲英岛旅游局邀请，我有幸拜访这个童话王国。

▲ 很多城堡或庄园中都有湖面，这并非巧合，而是有很多因素的考量：防御功能、水源供给、景观美化、象征意义等。基本都具有实用性的考量，也有美学和象征意义的追求

菲英岛(Fyn)是丹麦第二大岛，飞机抵达哥本哈根，大巴车带着我们一行驶过大贝尔海峡，一个多小时后到达目的地欧登塞(Odense)。欧登塞是菲英岛上最大的城市，也是丹麦第三大城市。它是安徒生的故乡，安徒生在这里度过了贫寒的童年。诞生童话的地方又怎么会没有花园呢？安徒生的很多童话都和植物息息相关。

在之后的行程中，我发现在菲英岛，花园不用刻意去寻找，沿途都能发现。高速路两边飞闪而过的都是纯洁的大滨菊，还有我梦寐以求的野生鲁冰花花海，欧登塞小镇上彩色的房屋，门前生机勃勃的蜀葵。一幕幕场景在我眼中都和花园有关。

丹麦之行印象最深刻的就是荣膺过欧洲"最佳古迹花园"的伊埃斯科城堡（Egeskov Castle）。这里的花园阵容最强大，也最惊人。城堡位于欧登塞的南部，本身不仅是一个博物馆，而且是伯爵家族阿勒费尔特的家，已经有460年的历史。

1962年开始，城堡的主人决定开放城堡和花园，并开始开发真正的旅游推广。

永固的橡木地基

1554年伊埃斯科城堡完工之前，这里是一片橡树林。领主Frands Brockenhuus在湖中建造了他的城堡。根据当时的建筑传统，这座城堡的地基用了橡树——主人砍伐了这个地区的整座橡树林，巨大的橡木一根根成为了城堡的地基。"整个橡树林都去了城堡"——城堡也因此得名。伊埃斯科(Egeskov)在丹麦语中的意思也正是"橡树林"的意思。

砍伐下来的橡树成为这座城堡坚不可摧的基石——因为橡树生长周期很长，真正成材的橡木需要60~100年，因此橡木密度大，质地坚硬，一旦遇到水，会变得和钢铁一般坚硬。欧洲盛产壳斗科的橡树，人们经常用橡树木材来制作兵器、车辆、船舶、桥梁和房屋构件。比如巴黎圣母院2018年在大火中失去

▲ 当年的马厩现在被改为博物馆陈列室

▲ 从这个角度可以看到城堡是完全建立在水中的

▲ 生命花园中的花草交响乐

了木造屋架和尖塔，这个木造屋架是巴黎最古老的教堂屋架之一，就是由很多橡木原木大梁组成的，这些橡木是于 1160—1170 年之间砍伐的，树龄可能在 300~400 年。橡树在我国的适生范围广泛，其实也很常见，橡树是壳斗科栎属植物的统称，我们常听说的柞（zuo）树、麻栎树、青冈树都属于橡树的一种。橡木也是很好的能源。宋代阮阅《诗话总龟》："栎树……伐为薪，锻为炭，其力倍于常木。"花友抱一

也告诉我说：黄山海拔低一些的地方有一种橡树叫小叶青冈，是非常好的木料，过去用来烧木炭，烧出的木炭敲击时有金属声，是上好的贡品。

欧洲的高档葡萄酒必须在橡木桶里醇化，醇化的时间越长，酒的品质越高。葡萄酒瓶的瓶塞也必须以橡木软木来制作。在我国历史上，橡子也一直作为食物的替代品，尤其是灾荒年。但在我印象中，西方

的橡树格外多格外大，尤其在英国，树龄上百年的橡树很容易就能遇到，很多行道树都是橡树。据说有的橡树寿命可达千年以上。橡树甚至直接关系到战争的胜败和一个国家的兴衰。我查阅了一些有关橡树的资料。树木专家黎云昆老师写过几篇有关橡树的文章，其中提到：橡树成就了大英帝国。1805 年 10 月 21 日，法国与英国之间发生的世界海战史上最著名的特拉法尔加海战，也与橡树有关。这场海战之后，英国利用海上霸权迅速扩张，真正成为横跨欧洲、美洲、非洲和大洋洲的日不落帝国。

这场海战英国取胜的原因，历代军事家们早已作了详尽的分析。一般都归结为法军指挥的失误和英国海军舰队司令纳尔逊（Horatio Nelson）的英明和坚毅，但似乎都与橡树无关。但黎老师转而写道：让我们来看看英国到底是如何建造军舰的吧！

英国舰队司令纳尔逊的旗舰"胜利号"是用树龄 100 年以上的橡树制造的，这些橡树在采伐以后，须经 14 年的时效处理才能被用于建造军舰。选用 100 年以上的橡树是为了使建造军舰的材料具有更大的强度和更高的硬度。经过 14 年时效处理的目的是为了保证橡木不开裂、不变形，尺寸具有稳定性。建造"胜利号"一共用了 5000 棵这样的橡树，整个建造过程耗时 19 年。即使以今人的眼光来看，"胜利号"仍不愧为人类木质造船史上的不朽之作。

这样来看，我们就能明白丹麦菲英岛上这座坚不可摧的城堡为什么在 1554 年就坚定地选用了橡树地基不是没有道理的。菲英岛旅游局的工作人员在湖边告诉我们说：为了保证地基的牢固，城堡所在的湖面成了护城河，或者也可以叫作护城湖。湖水的水位很有讲究：水如果太多了淹过城堡水位线，就需要排泄一部分；如果哪个年份过于干旱，主人就需要补充水源进来，保证湖面的水位不多不少能够淹没地基部分。我们都感慨当年建造者的智慧。

花友抱一来自黄山，他说过去在他们那里盖房子，挖地基沟如果遇到有水的地方，就打几根松树桩下去，再把石头砌在松树桩上。包括河里砌石头的拦水坝也是先打松树桩。而且他说，黄山对松树桩还有种说法："干千年、水千年，不干不湿两三年"，这恰好和旅游局朋友说的意思是一样的，只要保证一直浸泡在水里，无论是橡树还是松树，它们都可以常年不腐而且坚固异常。

让我们把视线从安徽的黄山拉回到丹麦的菲英岛。伊埃斯科城堡今天看起来如此宁静，周围风景如诗如画，但当年可是为了防御而建造的。城堡除了有护城河，还有骑士大厅、双层墙防御系统、室内的饮水井和遗世的吊桥。今天我们看起来，无论是城堡的尖顶还是孤独的吊桥，都只作为风景和历史来体会。在已经过去的 450 多年中，有不同的家族先后生活在伊埃斯科城堡，现任主人的太太也是一位来自丹麦皇室的公主。

感谢慷慨的城堡家族，几代人

都坚持公园向公众开放。自 1959 年开始修复，花园以当年的形式一直保留到现在。

摄人心魄的绿篱

伊埃斯科城堡花园被评选为世界最壮观的 12 座花园之一。这里有欧洲最美的古迹花园，这些花园于 2012 年就获得过年度"欧洲花园奖"，以及年度"欧洲最佳古迹花园"称号。这是一个非常权威的奖项，整个欧洲的城堡花园都会参评。

伊埃斯科城堡不是普通的城堡，它是欧洲最好的文艺复兴时期建筑之一，花园当然也是如此。花园的创作灵感来自丹麦的菲登斯堡（Fredensborg）和法国凡尔赛宫。城堡的南北两侧都有巨大的绿篱，并且运用了不同树种，其中还有1730 年的古老绿篱迷宫，当时它被作为贵族家庭的"游乐场"。整座城堡花园用了非常多的绿篱植物，将花园分隔成一个又一个秘密的空间，今天这些绿篱已经和树木一般高大威武，最高处已经有 8 米。当

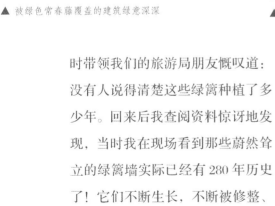

▲ 被绿色常春藤覆盖的建筑绿意深深

▲ 表面被修剪平整的绿篱内部是争先恐后的苍虬枝条

时带领我们的旅游局朋友慨叹道：没有人说得清楚这些绿篱种植了多少年。回来后我查阅资料惊讶地发现，当时我在现场看到那些蔚然耸立的绿篱墙实际已经有280年历史了！它们不断生长，不断被修整、被塑性，最终在时光和园丁的雕琢下，形成了不同的花园空间。这些不同的空间中又设计着不同特色的花园，包括蔬菜园、香草园等。

大家如果去欧洲，一定会注意到那里非同寻常的绿篱植物。所谓绿篱，就是用灌木或乔木种植，并经过修剪形成如绿墙一般的造型，欧洲通常选用的是鹅耳枥、山毛榉、

▲ 巨大的造型灌木和整齐的绿篱带来壮观的气势，它们需要精心修剪和维护，需要大量人力和物力，也就彰显出主人的权势和地位。几何形状代表着秩序和理性，这与中世纪的宗教和哲学观念相吻合

榆树、椴树、松柏、欧洲山楂等。我们中国的花园有低矮的灌木绿篱，但很少有用大型绿篱来做围墙的，通常是砖瓦砌成。如果砌一堵 8 米高的围墙，你会觉得堵得慌，而面对一排8米高的绿篱你会感到震撼，它们既温柔又"坚固"，而且历经风霜初心不改，清风拂过轻摇曳，狂风大作也无惧。我一直好奇这些绿篱怎么能长这么多年，难道其中没有一棵会生病吗，毕竟它们不是砖石，如果遇到病虫害怎么办？后来在一次新西兰的花园拜访中请教主人，回答说：最初种植的头两年会有一两棵死亡，但一般园丁都会备份上同等大小的绿篱植物，迅速补充，等整个绿篱长成，形成了自己的小环境、微气候后，

整体都有了抵御病虫害的能力，就不易生病了。

在绿篱墙的某些部分，园艺师还特意留了出口，人们穿行的时候就可以窥见绿篱里面交叉纵横的枝条，感慨生命的力量！

当然，今天的伊埃斯科城堡还有更丰富的内容，它有八个大型展览（如老式汽车和玩具屋），传统公园和许多新花园的迷人组合，包括一个中央玫瑰园，还有大丽花花园、倒挂金钟专类园、英国花园、香味花园等。其中我最喜欢的一座花园叫"生命花园"，当时正开着各种紫色、蓝色的花朵，以大花葱、鲁冰花、鸢尾为盛，并且其中点缀着很多乐器，游客可以在花园中即兴演奏。这是一个游览多久都不会觉得厌倦的花园，孩子们可以在森林里、各类吊桥和滑梯上游玩，喜欢历史的人们可以游览城堡，喜欢花园的人们可以沉浸在花园中，喜欢自然的人们可以尽情享受森林的沐浴。总之，这里是一个游览休闲的好去处。

在伊埃斯科城堡，我们看到了主人生活的影子；在他的花园里，你应该也会感受到园丁的努力。伊埃斯科城堡的现任首席园丁叫彼得·邦德·鲍尔森（Peter Bonde Poulsen），彼得如今已经 60 多岁了，出生于园丁世家，至 2018 年已做了近 24 年园丁。2012 年，伊埃斯科城堡被授予了"欧洲最美园林"的称号，可以说，这都归功于彼得的工作。据说当初彼得来到伊埃斯科的时候，堡主伯爵跟他说：请把这里当自己家花园来做吧。城堡主人给了他充分的信任和自主权，于是他能大刀阔斧地开展工作，为伊埃斯科迎来了很多荣誉。2018 年 6 月中旬，伊埃斯科城堡又迎来一个好消息。彼得被丹麦园艺基金会授予了一个非常重要的荣誉证书，再一次肯定了他在伊埃斯科城堡的功绩。

如果你去丹麦，千万别错过这座了不起的城堡，它真的是非常值得拜访，面积巨大而且内容丰富、细节精彩，足够你呆一整天来享受它的各种美好和美丽。

梅根宏城堡主体建筑由三层组成，
中央是高耸的塔楼，是 19 世纪流行的新哥特式风格。

绣球城堡梅根宏——湖光山色抒传奇
Hydrangea Castle Meggenhorn
—A Garden Amidst Lakes and Mountains

　　Lucerne 也被翻译为卢塞恩，但我更喜欢"琉森"这个译名，有深意。这座城市以美丽的自然风光和独特的人文情怀成为重要的旅游城市。著名的景点有悲伤的狮子雕像、琉森湖上的卡佩尔廊桥等。郊外的梅根宏城堡（Meggenhorn Castle）则是我在琉森遇到的最大惊喜。它的建筑灵感来自法国卢瓦尔河谷的香波堡（Châteaux Chambord），四周环绕着静谧浪漫的大公园，坐落于琉森湖的一片岬角上。

🔍 瑞士琉森 / 城堡 / 绣球收集 / 婚礼圣地

▲ 自然的山水湖泊是城堡最壮阔的背景

▲ 绣球是这里的主打花卉

城堡有着悠久的历史：最早是1240年的庄园城堡，16世纪前这里都属于修道院。1626年庄园传给了骑士路德维希·梅耶·冯·中塞（Ludwig Meyer von Schauensee）。在他的领导下，梅根宏发展成了一个有院子的圆形庄园，1674年这里建立起了一座乡间别墅，西边则是钟楼和简洁的花园。我们现在能看到的城堡形式是1868—1870年大工业巨头格罗斯让(Edouard Hofer-Grosjean)所建。1886年来自巴黎的伯爵夫人（Améliehe Heine-Kohn）成为了新主人，她增建了新哥特式教堂。1920年后一位苏黎世的纺织工业家雅各布（Jakob Heinrich Frey-Baumann）购买了这里，1960年他的两个女儿继承了梅根宏城堡。1974年，城堡和花园及周边的农场正式成为市政府的财产，每年4～10月对公众开放。

梅根宏城堡和花园都位于琉森湖以南的半岛山坡之上，俯瞰着山坡下的葡萄园。我拜访的季节绣球已经谢幕，厚重的绿叶重重地包围着城堡，前几年欧洲普遍干旱，夏天很热，绣球花朵被晒得厉害。可是即便花期已过，你也能感受它此前如火如荼的壮观景象，为了便于记忆，我把它叫"绣球城堡"。城堡那天正好不开放，可是花园是敞开的，所以我一点也不觉得遗憾，高高兴兴地把花园好好欣赏了个够！法式花园的规则图案与新文艺复兴时期的城堡相匹配，还有新哥特式城堡小教堂则相应匹配了自然风格的英式花园。

这里荟萃着阿尔卑斯山和琉森湖无与伦比的景色。天空的洁白流云，对面的雪山皑皑，湖面的湛蓝波光，这一切美好都包裹着你，假如真有天堂，这里应该就是了。站在城堡的花园中，远山和湖水就这样近在咫尺，又远在天边。有那么一刻，真希望自己变成花园的一棵树或一株花。

700多年来，城堡就这样淡淡地看着每一滴阿尔卑斯山的雪水都流入了琉森湖。而围绕城堡的每一株葡萄都眺望着远山，它看到青空中的白云点燃了绯红的花朵，看到草坪从绿色变成黄色，又转为绿色，这样年复一年。难怪瑞士人喜欢在这里举行婚礼。将一生最幸福最重要的时刻凝固在这里，真是非常荣幸。

从花园还有一条步道可以直接绕过葡萄园走到山下，我本以为花园就已经很精彩了，留恋着不愿意离开，没想到山脚下湖边的船坞也让人惊艳呢。这两座漂亮的船坞遗世独立，静静地坐落在琉森湖畔，人们在旁边等待船只，这里有一站可以直达琉森市区。大家如果有机会去梅根宏，一定要坐船去或者坐船归。

回到北京后我继续查阅梅根宏的资料，才发现"绣球城堡"这个名字真的没有叫错。从2012年以来，这里收集着40多种传统的瑞士绣球花，可以说是一座绣球的品种收集园呢！

在现代园艺中，绣球的运用非常广泛。通常绣球的花苞是在秋天孕育，所以第二年开花的枝条多为

▲ 琉森湖岬角处的梅根宏城堡之所以种着绣球，也是一种对历史的传承，因为早年绣球花被视为一种高贵的花卉，它的色彩丰富，花期也长，便于维护

老枝，而当年新枝上是不开花的，园艺学家们已经培育出当年生长的新枝条就能开花的品种，比如'无尽夏'在国内花园种植已经很普遍了。这样，即使冬天地上部分的枝条被冻死也没关系，第二年的新枝照样开花，但老品种绣球也有它存在的理由，为了防止瑞士人喜爱的古老绣球品种消失，梅根宏城堡做了很多保护工作，这些老式绣球是育种的宝贵资源库。瑞士还有一个"瑞士动植物文化和遗传多样性基金会"（Pro Specie Rara），1982年就成立了，致力于拯救濒临灭绝的瑞士农场动物和传统作物品种。梅根宏城堡花园中的绣球、知更鸟、鹌鸪和莺，则属于该基金会的收藏。这里的绣球花系列是基金网络的一部分，全年向公众开放，最推荐的拜访时间是每年的6~9月。每年五六月还会举办关于绣球花繁殖的研讨会。如果6月来拜访梅根宏城堡，还可以与绣球专家一起参观展示花园呢。

这是城堡中朱莉安的花园，300多丛白色和粉色的玫瑰组合成几何形，如琴键、波纹蜿蜒放在草坪之上。城堡为游客提供了一个高点，可以清晰地看到玫瑰的几何造型

威耶宏城堡——鸢尾的王国
Iris Castle—A Colorful Gem on the Shores of Lake Geneva

　　瑞士日内瓦湖畔的小城莫尔日，是一座美丽的鲜花小城，奥黛丽·赫本在这里居住了 30 年并在此终老，迈克尔·舒马赫也定居于此。这里安静恬美，我于 2017 年 8 月去拜访过莫尔日郊外的一座城堡，印象非常深刻，它叫威耶宏城堡（Château de Vullierens），占地 30 公顷，是瑞士最为壮观的花园城堡之一。城堡清新优雅、花园卓尔不凡、华丽独特，阿尔卑斯山，还有日内瓦湖都是这里的天然背景。这里是花园、建筑和艺术的完美结合。

　　🔍　鸢尾收集 / 艺术雕塑 / 女主人 / 葡萄园

这座城堡的历史错综复杂，700 多年来，它们属于同一家族，这与很多几易其手的其他城堡很不一样。这个教区的历史最早可以追溯到 1228 年，当时这里属于军队，1308 年这里开始建造了一个带有村庄的城堡区域，便有了第一位领主。现在我们可以看到的城堡是于 1745 年完工的，此后一直由梅斯特拉尔（Mestral）家族居住，这就是为什么城堡本身并不向公众开放的原因，因为主人还住在里面。既然我们看不到城堡室内，那么它因何闻名？是花园和葡萄园。

这座城堡的花园非常著名。以至于只要提到鸢尾收集，全世界的园艺人都知道这个城堡。这里的鸢尾绝不是点缀，而是最闪光的特色，甚至连城堡的官网都是以"鸢尾花园"之名来注册的。城堡还出售数百种鸢尾和萱草，很多品种在欧洲都是独一无二的。如此专业的品种收集在诸多城堡中也是少见的。

"鸢尾城堡"的称呼绝对当之无愧：这里收集着 400 多种鸢尾植物，除此之外，还有 13500 种萱草，400 多种玫瑰，当然还有牡丹、郁金香等花境植物。在不同的季节有不同的花朵在热情地等待人们到来。每年五六月是鸢尾开花最盛的季节，也应该是城堡最美的时刻吧！我拜访的季节是盛夏，鸢尾已经谢去，萱草正当令，它们开得热烈而喧闹。可是 8 月真的是太热了，相比之下，蓝色花境让人感觉清凉和冷静。蓝色来自分药花、荆芥和鼠尾草，这是我最喜欢的颜色，也是西方花园中常见的色彩。

城堡花园的前身是为贵族们提供菜蔬的地方，叫作"厨房花园"，是非常典型的菜园式种植方法，横平竖直。接下来的一个世纪，这里被重新设计为英国风景园林的风格。增加了很多花坛、花境，还有一条金链花覆盖的廊道引导人们穿过花园到达橘园。围墙处则是浪漫的玫瑰步道。城堡的花园分成好几个部分，很多主题花园，比如 2006 年建的"朵莉安娜的花园"（Doriannes' Garden）以玫瑰为主；为了纪念现任主人姐姐而建的花园"达莉亚的

▲ 蓝色的分药花为花园的夏日带来清凉之色

花园"（Daria's Garden）；适合荫生植物生长的"兔子的荫生花园"（Bunny's Shade Garden）；还有一座充满童趣的"秘密花园"；其中最重要的主花园叫作"朵琳的花园"（Doreen's Garden）。

查阅过威耶宏城堡的历史资料后，最感动的是和花园有关的六位女性，也正是花园名字的由来：朵琳（Doreen）、朵莉安娜（Dorianne）、达莉亚（Daria）、加布里埃尔（Gabrielle）、露西（Lucy）和西尔瓦娜（Silvana）。今天我们看到的花园，很多是以她们的名字而命名的。对她们来说，照顾花园不仅意味着激情和工作，而且是她们一生的挚爱。

朵琳是现任城堡主人的母亲，她是第一位在古堡花园中种植鸢尾的创始人。1950 年秋天她种下了第一批鸢尾根茎，几十年后她成为欧洲最大最全的鸢尾收集者。1955 年她向公众开放了城堡的花园，以帮助维系支持城堡遗产的各项高昂开支。每次去往美国旅行，她都带回很多最新的品种，并且还委托园艺公司为她杂交培育并生产新品。她给花园带来了生机，不过她当年肯定没有想到自己的这座花园会成为欧洲最重要的鸢尾品种收集基地。

▲ 这是朵琳的花园，最初是18世纪蔬菜花园的风格，后来改成19世纪英式景观花园。这个绿色的温室被人们称为"橘园"，最早是英国贵族收集各国热带植物的地方，是贵族为了炫耀财富和地位的一种象征，随着社会的发展和工艺的进步，橘园被做得越来越精致，并流行到欧洲很多国家

　　朵莉安娜是朵琳事业的继承者，也是她的儿媳。她最初来自布拉格，当她成为这个家族一员的时候，和婆婆一样爱上了花园。作为一名著名的艺术家和色彩领域的实践者，她用更多的艺术感来装饰这座古老的城堡。她翻新了城堡周围的建筑和露台，同时对艺术的热爱也激发了她在庄园中引入大型雕塑的愿望。现在如果你参观城堡花园，就可以看到18位艺术家的57件雕塑作品，为花园带来了独特的氛围。就连周边的麦田中，也安置有雕塑，让原本普通的农田变成了艺术的田野。

　　达莉亚则是朵琳的女儿，她继承了母亲对花园、对鸢尾的热情，她能辨认400多种鸢尾中的每一个。达莉亚在2013年去世后，现任主人为她建造了一座纪念花园。接下来的几位女性分别是出生于城堡的新一代继承人和城堡的重要合作伙伴，她们都为这座城堡花园增添了无限的光彩。

欧洲的花园中常常会出现剧院、剧场的元素，这是因为古希腊古罗马的剧院是西方文化的重要组织部分，也因为受14—16世纪欧洲文艺复兴运动的影响，重新点燃了人们对古希腊古罗马的热情，所以很多建筑师和园林设计师会将剧院元素融入到花园设计中。17—18世纪，巴洛克风格盛行，这种风格追求奢华壮丽的效果，高耸的墨绿色树篱能用来打造宏伟的天然舞台背景，成为花园的中心景观。当然，很多花园中的剧院确实具有实际的演出功能

芭绿城堡花园——一封旅行的邀请函
The Gardens of Château de la Ballue —A Glimpse
of Paradise in Brittany

　　法国人喜欢暑期去布列塔尼（Brittany）度假，提到这里
大家想到的是快乐的赶海。布列塔尼还有自己的中文官网，
这里介绍了漫长的海岸线、古老的历史、美食美酒、教堂与
灯塔、自然和徒步，但却遗漏了这里的花园介绍。但我知道
这里非常漂亮，完全不缺美丽的花园，一直心向往之。2023
年5月，为了寻找鲜花小镇，拜访花园，我和先生不远万里
来这里旅行。

　　🔍 法国乡村 / 布列塔尼 / 城堡 / 雨果 / 修剪 / 造型灌木

布列塔尼的花园群星闪耀，并有专门的公园和花园网站（www.apjb.org），网站上面呈现了所在区域对公众开放的一百多座公园和花园，并特意列出了其中最美的 10 座：

1：The Georges Delaselle Garden
2：La Roche Jagu Estate
3：The Brest National Botanical　Conservatory
4：The Cornouaille Botanical Park
5：La Ballue Garden
6：The Broc é Liande Gardens
7：The Haute Bretagne Botanical Park
8：Kerdalo Garden
9：The Tr é varez Estate Park
10：Daoulas Abbey

布列塔尼是法国的一个大区，位于西北部，北面与英格兰隔海相望，东面和南面与卢瓦尔河大区和诺曼底大区接壤。"布列塔尼"在凯尔特语中意为"小不列颠"，直到 15 世纪，这里还是一个独立的公国。1499 年女公爵安妮嫁给了法国国王路易十二。1532 年，布列塔尼和法兰西王国合并，失去了公国地位，成为法国的一个省。布列塔尼分为滨海地区（Armor）和森林地区（Argoat），因为沿海地区的居民和法国内陆的居民在文化和生活方式等方面有许多不同。这里是水手和旅行者的土地，他们从各国带回

来新鲜的物种，建成了不同情调的花园。我在 2023 年"五一"和先生一起拜访了这里的几座花园，印象最深刻的是排在第五位的 La Ballue Garden。Ballue 是这个地方的名字，我把它译为"芭绿城堡花园"（www.laballuejardin.com）。这座花园屡获殊荣，还曾经从 1200 座欧洲花园中脱颖而出，获得由欧洲花园遗产官网颁发的"最美历史花园"银奖。

芭绿城堡花园位于圣米歇尔山和圣马洛之间，俯瞰着库士农（Couesnon）山谷。它的灵感来自意大利巴洛克风格。这里有很多吸引游客的地方：这座花园中有 13 座不同主题的"花园房间"，像迷宫一样依次排列，当你穿行其中，会发现对比鲜明、令人吃惊的景观！

花园最鲜明的特色就是现代运动的几何逻辑与古典象征主义的相遇。花园的几何布局尤其体现在主花园中，充分运用了三角形、六边形的几何排列，将自然的灌木种植并修剪成对称的格局。整洁优雅，充满秩序之美。这座非常典型的法式花

▲ 英蒾

▲ 造型紫杉

▲ 几何造型灌木

▲ 墨西哥橘

▲ 黄杨、冬青、紫杉、月桂是西方花园中常见用来塑造成绿篱背景或造型灌木的植物素材。它们带来整洁有序的视觉效果，也为花园增添了庄严和精致

园，其园林艺术为城堡和起伏的景观增添了和谐之美。体量巨大的紫杉、女贞、紫藤、黄杨和月桂树将空间塑造成令人惊叹的视角和光影效果。你若不能亲自拜访，真是很难从画面中体验现场的震撼之感。

花园最为壮观的当属城堡正前方的波浪形绿篱，在这里你会感受到时光的力量、生命的能量，并沉浸其中。

芭绿城堡始建于 1620 年，在 19世纪和 20 世纪中叶，这里是作家和艺术家们的特权之地。这座古典花园曾经被闲置了30年，还一度被沦为土豆地……到了1973年，一位出版商收购了这座城堡，得以新生。两位未来主义建筑师将现代几何运动和古典象征主义结合起来，重新诠释这座17世纪的古堡园林。从此，这座花园成为一件艺术品，也成为一封布列塔尼花园之旅的邀请函。设计师们在主花园运用了对角线设计，让空间感倍增；还创作了迷宫般的路径，将花园变成了好多个户外秘密空间。主花园一侧由12株红豆杉架构起一条紫藤小巷，同时也将主花园和侧花园隔开了。1996年，这里迎来了新主人 Marie-France Barrère 和艾伦·Alain Schrotter。1999年，花园正式被列入历史文化古迹。

花园面积为2公顷，被设计师分割成一系列空间，每一个空间如同一个"花园房间"，有自己独特的氛围和气质。设计师在设计的时候一定是充分考虑到与其巴洛克风格的城堡相协调，主花园让城堡里的主人和客人一眼能看到并深深地体验到。花园作为心灵的延伸，也成为一面镜子，也是一座座充满自信和象征的空间。这里的多样性和活力通过所有结构元素、植物的气息和色彩、造型以及配饰雕塑的变化得来。

布列塔尼地区常常下雨，花园入口处的前台还提供雨具。我和先生在参观花园的短短几个小时中，断断续续下了好几场雨，我们打着伞，下雨的时候就躲在树下避一避，雨停了蓝天和太阳马上出来了，我们也立刻探出头开始探索花园不同的空间；再过一会儿，天空又开始下雨了，我们又找地方躲起来，听到滴滴答答的雨水打在树叶上，看见花朵们含着雨水沉甸甸挂在枝头。"五一"北京的春天已经是很隆重、很盛大了，但这里还是春天刚刚开始的模样：紫藤挂在枝头默默地开放，绿色的花园里有了明亮的紫色点缀，显得更加生动多彩！

在这样一座辉煌的花园如果只是走马观花可不行。所以，芭绿城堡现在成为一座精品城堡酒店。你可以坐享这里巨大的自然空间，饮一席花园的晨曦与黄昏。

▲ 芭绿城堡的主花园是典型的规则式法国花园

丽茨地堡花园是卢瓦尔河谷比较吉式的花园

卢瓦尔河谷城堡花园之旅
Loire Valley Chateau and Garden Tour

　　法国是世界上第一大旅游目的地国，这个地位几十年一直巍然不动。如果我们去法国旅行，一定不要错过关于城堡的拜访。

　　为什么要去参观城堡？有很多令人着迷的理由，包括历史、文化、建筑、花园景观、美学等多个方面。法国灿若星辰的城堡承载着丰富的历史，是中世纪和文艺复兴时期的坚强见证者，它们曾经是王室和贵族的居所，代表着那个时期高品质的建筑水准，展示着他们的生活方式和价值观；同时也是那个时代的政治和军事的中心，它们是法国历史和文化的驿站。前往法国的城堡不仅是一次历史和文化之旅，也是一次对艺术、建筑和自然之美的探访。

　　城堡 / 花园 / 酒庄 / 葡萄园

欧洲的城堡作为建筑物的历史可以追溯到古代的防御性结构，比如早期的城墙和要塞，建造的目的是为了保护居民免受外部威胁、抵御侵略者。古罗马时期的军事工程在城堡的发展史上起到了关键作用，之后中世纪是城堡建设的黄金时期。十字军东征期间，欧洲人受到了中东地区城堡建筑技术影响，学会了新的建筑和防御技术。到文艺复兴时期，城堡的用途逐渐从军事防御转变为贵族居所，城堡的设计开始更加注重舒适和建筑美学，而不仅仅是纯粹的防御需求了。

位于欧洲西部的法兰西帝国地势平坦，易于建造城堡，加上历史悠久，经历过多次战争和动乱，所以根据法国文化部的统计，目前法国有大大小小的城堡上万座，著名的也有数百座。巴黎的凡尔赛宫、枫丹白露自不必说，其他地区有特色的城堡也非常值得了解并拜访。中世纪的法国是城堡发展的黄金时代，那时候法国经济发达，贵族阶层拥有大量财富，于是开始建造能彰显富贵和权势的城堡。这些城堡不仅是重要的军事防御设施，也成为贵族的豪华住宅。在文艺复兴时期，法国城堡的建筑风格发生了变化。城堡的形制和样式更加优美，装饰也更加华丽。这一时期的代表性城堡包括凡尔赛宫、香波堡和卢瓦尔河谷的其他城堡。

卢瓦尔河谷（Val de Loire）地区作为巴黎人的后花园，也是法国最大的旅游景区，这里有建造在河流上的城堡、隐藏在深林中的花园，人文风光与自然景色在卢瓦尔河沿岸完美地结合，造就了这样一片城堡集中分布的区域，据统计有300多座，是法国城堡最为集中的地区。

香波堡——众王之堡

在现代人的心目中，城堡通常除了有固若金汤的城墙建筑，还有着惊心动魄的历史故事，并且不缺浪漫的爱情。香波堡（Château de Chambord）是卢瓦尔河谷最大最著名的城堡。

▲ 乡间路边的小房子，开着了攀缘的红玫瑰

500 多年前，正值文艺复兴时期初弗朗索瓦一世时期，香波堡由国王（1519 年）亲自下令修建，作为其流芳百世的权力象征。这座宏大建筑的修建标志着中世纪开始过渡到文艺复兴时期。传说城堡的设计来自达芬奇的创意，尽管城堡的建筑工程是在达芬奇去世 6 个月后才开工的。这座绝世建筑汇聚了当时很多前所未见的设计，比如主塔是以希腊十字形建构为中轴。在香波堡众多的创新设计中，最引人瞩目的建筑元素就是双螺旋楼梯。它是城堡主塔以及整个城堡的中心元素，象征着永恒不断的更新复兴。其特别之处在于：两个人同时使用楼梯时，尽管能够瞥见对方，却绝不会相遇。这个楼梯总是令香波堡的访客啧啧称奇、赞叹不已。

弗朗索瓦一世去世后，之后的 7 位继任者都在继续修建着城堡。直到 1685 年的路易十四统治时期，整栋建筑才最终完工。之后香波堡继续吸引王权贵胄前来。至于现在，香波堡则吸引着全世界的游客。

蔬菜城堡——维朗德里城堡

如果说城堡代表威严和秩序，那么寻常的蔬菜会在其中起到什么作用？

维朗德里（Villandry）是卢瓦尔河谷文艺复兴时期建造的最后一座城堡，我们更爱亲切地称它为"蔬菜城堡"。城堡的花园分为三层，结合了美学、多样性与和谐性。

这座城堡花园被认为是法国最美丽的花园之一，以至大家都忽视了城堡本身。花园包括风格不同的花坛，其中的植物被种植成几何图案，呈现出优雅的几何之美。城堡于 20 世纪初对公众开放，1986 年被联合国教科文组织（UNESCO）列为世界文化遗产。

城堡花园的最特别之处在于其大量使用蔬菜，装饰性厨房花园(The Ornamental Kitchen Garden) 是这座城堡花园的亮点。它的设计融合了艺术性、实用性和可持续性。种植蔬菜很低端吗？不，即使是国王，

▲ 瓦尔默城堡是以出产高品质葡萄酒闻名的，它的花园也非常经典

每天也离不开蔬菜。维朗德里种植这些蔬菜植物不仅仅是为了满足日常食用的需求，也是为了展示主人对园艺的热爱。不同颜色和质感的蔬菜为花园增添了多样性和美感。这里由9个大小相同的地块组成，每一块土地上都由不同的蔬菜和花卉共同组成几何图案 蓝色的韭葱、绿色和红褐色的甘蓝、红色的甜菜根、翠绿的胡萝卜缨等，好似一盘五彩的棋盘。

菜园设计在西方起源于中世纪。那时候的僧侣们就喜欢将菜地布置成几何形。维朗德里厨房花园的很多十字架会让游客联想到修道院的起源。为了让菜园变得更美丽，僧侣们还会种植玫瑰，而玫瑰花园可以用来装饰圣母玛利亚的雕像。根据古老的传统，将玫瑰种成对称式象征着修道士们正在开垦菜地。于是，16世纪的法国园丁将修道院和意大利花园的灵感结合起来，创造了他们所需的新蔬菜花园，他们称之为"装饰性厨房花园"（potager décoratif）。

维朗德里城堡的蔬菜花园中使用了40多种蔬菜，每年在春夏种植两次。布局随着蔬菜种类而变化，主要考虑颜色的和谐，同时也会兼顾到土壤的轮作。

天坛的姊妹城堡——丽芙城堡

丽芙城堡（Château du Rivau）是法国的一座建于15世纪的古城堡，里面有12个美丽的主题花园，被法国文化部命名为"重点花园"。丽芙城堡每年4~11月开放。

丽芙城堡历史悠久，它是由知名的博沃（Beauvau）家族创建，而且和法国文艺复兴和圣女贞德有着紧密的联系。1429年，在英法百年战争末期，圣女贞德为解奥尔良之围来到丽芙城堡征寻战马，因为丽芙当时出产良马。之后这里也一直有巨大的马厩，为皇家种马提供保障。20世纪初，新任主人林诺夫妇将该城堡翻修一新。

现在你可以体验睡在童话般城堡里的感觉啦！因为这里现在提供入住酒店服务，有7间豪华客房，客人可以享受下王子般的奢华生活，同时这里也有现代设施，比如网络和空调。每一间客房是一个小时代，里面的设计灵感来自文艺复兴或中世纪的重要人物，并装饰有当代艺术作品。城堡里还有一座叫做"秘密花园"（Jardin Secret）的餐厅。从3月到11月，这里的12座不同主题的花园中总是盛开着美丽的花朵。林诺夫人是一名热情的花园爱好者，她按照城堡历史记录重建了12个花园，很多灵感来自中世纪童话故事。花园里收集着400多种玫瑰、月季和蔷薇，还有很多现代艺术品。

丽芙城堡和我们中国北京的天

坛还是姊妹公园，因为二者"芳龄"相仿，都建于 1420 年，同为世界文化遗产，因而结为"姊妹"。

都归属于最初建造城堡的禹侯家族（Hurault），6 个多世纪以来，同一个家族一直居住在此，这在经历了法国大革命动荡的卢瓦尔河谷是非常罕见的。

《丁丁历险记》中的城堡——舍维尼城堡

优雅的舍维尼城堡（Château de Cheverny）是一座私有城堡。至今

比利时著名的漫画《丁丁历险记》中提到一座法国的城堡——姆兰萨尔城堡（Moulinsart）。而舍维

▲ 《丁丁历险记》中的城堡原型来自舍维尼城堡

尼城堡正是作者埃尔热（Hergé）的灵感来源。

在《丁丁历险记》中，这座城堡一开始是坏蛋伯德兄弟的家，出现在《独角兽号的秘密》中，最终在《海盗失宝》中，大胡子船长阿道克发现城堡是他的一位祖先建造的，在故事的结尾他买下了城堡。所以现在城堡中有永久性展览《姆兰萨尔城堡的秘密》，能让我们进入丁丁及其同伴的世界。

舍维尼城堡有 6 座主题花园，包括"郁金香花园""爱的花园""迷宫花园"等。同时这里还是狩猎圣地，有著名的犬舍，历史可追溯至 1850 年，饲养着 120 只英法三色犬，它们是英国猎狐犬和法国普瓦特万犬的杂交品种。每年，舍维尼城堡都会诞生大约20 只小狗。主人一直都很热爱狩猎，还组建了私人狩猎队伍。

国际花园展的主场 ——肖蒙城堡

在卢瓦尔河谷，每一座城堡都有自己的特色。始建于 10 世纪的肖蒙城堡（Château de Chaumont）不仅拥有哥特时代的防御建筑和文艺复兴时期的建筑，还拥有文化遗产、现代艺术和园林园艺三重特色。城堡位于一个高地，可俯瞰卢瓦尔河，里面种植着百年雪松，壮丽的景观在卢瓦尔河谷地区是独一无二的。

花园是肖蒙城堡的一个亮点，这里是国际花园节的藏宝匣。每年，肖蒙国际花园节都会邀请来自全世界的景观设计师，围绕一个特定的主题，创造出最惊艳、最独特的花园。每年的 4 ~ 10 月，这里的花园并非常规花园，而是充满着新奇，或好玩，亦或是古怪、未来主义的风格花园。这些花园随着季节在变化，但永远保持着想象和创新的灵魂，

瓦尔默城堡

瓦尔默城堡（The Château de Valmer）得益于同一个家族的五代传承。1948 年，主城堡不幸毁于火灾，但之后在主人的努力下，它从废墟中重生。这座城堡现在是以葡

▲ 城堡和花园，二者相互彰显映衬，缺一不可

萄酒和花园而闻名的。它位于卢瓦尔河谷中心地带，占地 300 公顷，是文艺复兴时期的建筑，著名的葡萄园和文艺复兴时期的台地花园完美地包裹着城堡，附近还有耕地和 200 多年的森林围绕。

我是为花园而去拜访瓦尔默的，因为这座城堡的花园也是法国历史名园。穿过长满沧桑的石门，就进入瓦尔默城堡的地界，我直奔花园而去。

整个城堡区域建筑在岩石的山坡之上，所以有着天然的坡度，城堡和花园被设计成阶梯状的台地式，

用带拱门的墙壁和栏杆分开。它的温室菜园展示着 15 世纪的经典一幕，让游客仿佛走进了画卷之中。最让我震惊的是在蔬菜花园中有几只巨大的、对称分布的生长在地上的篮子，这是用柳树枝条编织而成的，是一只鲜活的柳条篮呢！

城堡还是"法国独立葡萄种植者协会"成员，收藏着很多本地的葡萄品种，现任主人扩大了葡萄园，并对酒窖进行了现代化的改造。无论作为酒庄城堡，还是花园城堡、历史城堡，瓦尔默都是极具魅力却非常低调的那一座，值得专程拜访。

第四章
花园与岛屿

花园之于岛屿，是否可以"锦上添花"？这取决于它们的环境、文化和使用方式。一座岛屿很可能就是一个天然的生态系统，花园被建立在岛屿之上，形成和谐的关系，它们最终能形成公园、度假胜地或私人庄园。大多数情况下，花园可能包含在岛屿中，各国都有自己的"花之岛"。

布里萨戈岛屿花园——从荒岛到漂浮的花园
Brissago Islands —The Creation of Floating Gardens

　　提契诺州 (Ticino) 是瑞士南部靠近意大利的一个州，这里阳光充沛，人们热情而随性，处处充满了南方特有的能量。它的首府是贝林佐纳（Bellinzona），不过最大的城市是卢加诺（Lugano），紧挨着明亮耀眼的卢加诺湖。

　　此前瑞士旅游局安排我去了苏黎世—伯尔尼—日内瓦的西线，后来又安排了瑞士的东线，其中包括南部提契诺州。这里是瑞士的意大利语区，有和北部德语区不一样的风情，花园也是一样。我们一家从琉森湖乘观光游船至弗吕伦（Flüelen），然后转乘圣歌达全景列车（St.Gotthard Panorama Express），穿过阿尔卑斯山脉的隧道，一路舟车最后到达提契诺州首府贝林佐纳。我们以这里为中心，每天坐火车去提契诺州的其他小城小镇。

▲ 湖水不仅为花园提供了稳定的灌溉水源，还可以调节周围环境的微气候；当然也一定能为花园增加美观度

城堡的栗子步道

我们住的酒店位于提契诺州的贝林佐纳，它虽然是首府，但其实城市本身并不大，不过这里的山中深藏着三个联合国教科文组织颁发的世界文化遗产，就是三座城堡。由于地处从意大利翻越阿尔卑斯的

要地，这里自古以来就是兵家必争之地。岩石上巍然耸立着格朗德大城堡、蒙特贝罗城堡和萨索·科尔巴洛城堡，这三座中世纪城堡数百年来一直威武地守护着这个领域。

因为时间有限，我们挑选了最大的格朗德大城堡（Grande Castel）

去参观。格朗德大城堡又称为圣米契尔城堡（Castello di San Michele）或乌里城堡（Burg Uri），是这几座13世纪城堡中最古老的一个。城堡中还有两座高塔Torre Nera（28米）和Torre Bianca（27米）俯瞰贝林佐纳的老城。不过我们到得有点晚，城堡中的考古博物馆和艺术博物馆都已经关门。城堡的中庭有一棵巨大的栗子树在静静守候，看起来近百年的感觉。城堡外则是可以眺望远山的青翠草坪，可以看到城堡与山势完全贴合在一起，大面积的草坪让小朋友有了奔跑的天然舞台，非常欢乐——我真是喜欢国外这种大面积草坪的设计。零星的游客和我们一样在草坡上休息看书，我一眼看到了这里的大树下有好几处红色的大型木格子，里面盛放着不同的材质，有的是树皮，有的是截成段的树干，有的是大块的卵石，还有栗子壳和松果等，很好奇这是做什么用的。于是仔细研究了旁边的说明文字，原来这是为了鼓励人们脱掉鞋袜，亲近自然的一种装置。介绍中特别说明，欢迎游客卸去城市的繁重压力，脱掉保护的鞋袜，

赤脚在这几处不同材质的地面走一走，让你的脚丫和身心在自然界中得到彻底的放松。关于这9只红色木框中的材质也很有意思，说明文字中特别介绍说栗子、松果、被河水冲刷过的卵石都能代表这个地域的历史，因为它们都是贝林佐纳山里的宝贝！

这里我最有兴趣的是栗子。在提契诺州，栗子不仅是一种食品，还是该州的灵魂！这里漫山遍野都是栗树，成片的栗树林从一个村庄延伸到另一个村庄。几个世纪以来，栗子曾是提契诺人最基本和重要的粮食，过去这里是乡下，秋天栗子成熟了，人们将栗子磨成面，做成面包和其他食物，所以他们把栗子树叫作"面包树"。深秋丰收之后，栗子可以炖着吃或烤着吃，磨成面粉的栗子可以成为接下来冬日中农民好几个月的口粮。

所以迄今每年在提契诺的各地区，都要举行规模盛大的栗子节。热火朝天的烤栗子、甜美的栗子酱、栗子蛋糕和栗子冰淇淋，给人们带

来了深厚的幸福感。依照传统，拿到今年第一个栗子，要放在左兜，作为自己的护身符。

漂浮的花园之岛
（ www.isolebrissago.ch ）

这一天我们去往卢加诺（Lugano），卢加诺和洛迦诺（Locarno）都是提契诺州的城市，这两个地方名字很像，非常容易搞错，前者是座花园城市，每年 3 月底会举办盛大的茶花节；后者每年 8 月有著名的洛迦诺国际电影节。

卢加诺这座闪耀的城市最早建于 6 世纪，是提契诺州最富裕的城市，也是第一大城市。这里有着悠闲的环境和宜人的地中海气候。城市的名字来自意大利文的"Lucus"，意思是"秘密的森林"。考古学家发现，这一地区最早的居住者是亚特鲁里亚人和凯尔特人。在 14 世纪早期到 16 世纪之间，卢加诺曾先后被米兰政府、法国政府和瑞士政府统治过。自 1513 年，卢加诺正式属

于瑞士联邦。1789 年，法国进攻瑞士，建立了卢加诺州，并于 1803 年更名为提契诺州。后来这里又归入瑞士联邦。

地中海温暖的气候必然能孕育出美丽的植物群，随之带来迷人的景观。这天，我们要拜访的是马焦雷湖区（Lake Maggiore）的一座岛屿。在旅游局安排的行程单上写着：Brissago Islands —The floating gardens。实际上，布里萨戈（Brissago Islands）是由一大一小两个小岛组成，其中大岛现在是一座开放的植物园。首任主人夫妇通过船从陆地运输来土壤和肥料，在这里种植亚热带植物。他们希望花花草草能将这里装扮成天堂的模样。

1928 年之后，百货公司的掌门人马克斯·埃姆登（Max Emden）继承了这里，他更喜欢生活的艺术，也善于运用植物来设计花园。他采购了高级的大理石和地板来装修了住宅，但没有修改之前主人留下的花园和植被，这是人们一直赞誉的事。甚至当时的建筑师被要求建造一座用来匹配花园气质的别墅。

提契诺州植物园的行政办公室也在岛上。当年主人从世界各地搜集而来的奇花异草依然存在，五大洲超过 1700 种植物都在阳光下快乐地生长着：喜马拉雅的肉桂树、中国的竹子、印度的荷花、马达加斯加的唐菖蒲、北美沼泽的秃柏（其树干在水下），也正因为这里收集着如此丰富的植物，所以这个岛屿花园的标语就是：在一个岛上环游世界。而小一点的布利萨戈岛（Isola di Sant'Apollinare）没有开放，那里则是当地植物的天堂，原始植被保存完好。

由于岛屿周围湖泊良好的储热功能，因此冬日温暖无霜。与此同时，阿尔卑斯山脉也是阻隔南下冷气流的天然屏障。这种宜人的气候确实适合外来物种的生长。

在大岛屿的植物园中有一处小花园，这里种着特殊的药草和香草，还有一些重要的农作物。特别之处是：不仅在植物旁边配着详细的说明，还展示着用这些植物制成的产品或粉末，也有风干后的样子，分别装在洁净透明的玻璃瓶子中，有点像我们的中药展。从植物到产品，这样的设计能让游客非常直接地了解到它们的知识。

植物园为孩子们也准备了乐趣体验。来参观的孩子会在进门的时候就拿到一张藏宝图，按图索骥会在岛上发现隐藏的秘密，最后出门的时候可以去门口的柜台获得一份神秘的种子。相对于植物园的收集目的，我觉得咖啡厅这里的景观更具神采！而且我在这里拍到了当天最棒的一幕：在湖边的一处高台上，一株苍虬的银绿色橄榄树撑起了荫凉，树枝上点缀着斑斓的彩色灯泡，树旁则摆置着精致的日晷、古朴的红陶、精致的铁艺蜡烛灯，还有两把躺椅是为游客准备的。纯净的湖水则为这一幕增添了无上的荣光，这个小小的天台，却有着无限的景观。世界那么大，我们到达的远方其实有限，但我们能够通过一个小小的角落，看到、想到、感受到更远的地方。

美瑙花之岛——所爱隔山海
Love Across the Sea—The Enchanting Island of Mainau

　　德国的美瑙岛是我很多年前就听说过的"花之岛"，一直都很想去拜访，但是每年假期有限，总也没有机会，2018 年暑假有机会带着孩子一起去到奥地利德国一带，正好列入拜访计划。

🔍 博登湖 / 王子 / 鲜花之岛 / 水阶梯 / 蝴蝶宫

▲ 壮阔的湖面风景和精致的岛上花园交织，让美瑙岛无论哪个季节都有独特的魅力

德国是一个内陆的城市，除了汉堡靠海边，其他城市都只有河流经过，所以人们特别钟情开阔的湖泊，博登湖（德语：Bodensee）是德国最大的内陆湖泊，也称康斯坦茨湖（Lake Constance），位于瑞士、奥地利和德国三国交界处，由三国共同管理。这里的人们每到周末或长假期间，都喜欢来到这里度假，一般去美瑙岛（Mainau Island），都会住在附近的康斯坦茨（Konstanz），从那里坐船十多分钟就到岛上了。

博登湖沿岸地区阳光明媚、气候温和。富饶的沿岸坡地生长着很多葱郁的林木，有很多果园。这一带风光美不胜收，葡萄酒酿造也很发达，湖泊本身盛产鲑鱼及鳟鱼等。

Mainau Island 中文也有翻译成"迈瑙岛"的，但很显然，"美瑙"二字更为信达雅。这里正如一块美丽的玛瑙石一般。在博登湖周围发现的桩屋遗址表明，这里早有人居住，历史甚至可以追溯到新石器时代。公元5—6世纪，这里是一位公

爵的庄园，后来被捐赠给了条顿骑士团。条顿骑士团拥有美瑙岛的时间比较长，有500多年，现在它们的痕迹依然还在，比如美瑙岛现存的城堡和教堂等巴洛克式建筑群就是。他们还创造了观赏花园和菜园，沿着湖岸的地区则用于农业。再之后，战争风云变幻，期间瑞典人还控制了美瑙岛两年，军队收购了这里。1649年，瑞典人离开，它们留下了迄今仍然屹立在美瑙岛桥前方水域的青铜十字架，今天作为欢迎美瑙岛游客的标志。

1806年，这里成为新成立的巴登大公国的一部分，之后几易其手。不过巴登大公弗里德里希一世被认为是美瑙岛花园的创始人，他将这里作为自己的夏季住所，新建了水流渠道和瞭望台。他为今天的美瑙岛设计奠定了基础。我们在岛上看到有100~150年的树龄树木都是他那个时期种植的，果然是前人栽树后人乘凉。

之后美瑙岛的发展，则归功于一位年轻的瑞典小王子：伦纳特·贝

纳多特（Lennart Bernadotte）。大公之后，美瑙岛留给了他的妹妹维多利亚，而妹妹嫁给了未来的瑞典国王，之后成为王后。于是这里成为瑞典王室的财产，1930年王后去世后属于威廉王子，他于1932年将这一遗产管理权移交给当年23岁的独子伦纳特。也正是在这一年，这位年轻的小王子放弃了瑞典王室所有的头衔和继承权，娶了自己所爱的平民女子。他带着妻子从北欧悄然南下1800千米，接手了这个长满了原生植被的岛屿。此后在战争爆发之前，夫妇二人一直住在美瑙岛。

离开华丽的宫廷，来到千里之外的朴素小岛，伦纳特·贝纳多特开始努力把这里改造成自己喜欢的鲜花王国。他成为统领这座岛屿、无忧无虑的"国王"。

当年的小王子没有成为瑞典国王，但他另辟蹊径，在瑞典之外，他自由地建立了真正属于自己的植物王国，后世有人专门写了一本《康斯坦茨湖之王》来介绍伦纳特和他

的岛屿。

爱花的人都乐于分享自己的花园。伦纳特没有封闭自己的鲜花王国，很快为游客打开了美瑙岛。他还在这里开了一座餐厅——瑞典的礼物（Die Schweden Schenke），"二战"前的几年，美瑙岛从国家旅游中获得的收益并不多，餐厅的开业吸引了成千上万的游客前往该岛。看来一座美丽的花园不仅仅要有鲜花，还需要很多相应的配套才能吸引游客。

如何将一座岛屿从野生状态中解脱出来？

因为一片荒野，即使它开满野花，也并不是花园，花园的存在首先是因为有人的设计、理念、态度、劳作在里面，一定会看得见"人"的影子，我们可以通过荒园看到植物和自然，通过花园看到主人、看到设计师、看到植物，也看到历史。花园的存在也是为人服务的。

伦纳特伯爵首先拍摄了花园的

▲ 用博登湖作为花坛的轮廓，塑造了一座花草的地图

各处图片，从中确定了视觉轴。确定砍伐哪些树、保留哪些树并不是一件容易的事，但首先要保证人们从岛上能看到周围的湖面。所以他首先恢复了原始公园的基本结构，然后才开始进一步的设计。从 1950 年开始，美瑙岛开始向花之岛的发展迈进了一大步。1955 年开始举办了兰花展。之后杜鹃、玫瑰、柑橘、大丽花等都开始被陆续展示。同时，城堡和教堂这样的历史建筑也开始进行内外部的翻新。1968 年，这里建立了一座大型棕榈屋温室，用于保护那些冬天需要保护的盆栽们。之后还建立了必要的岛屿基础设施，比如污水系统、电缆和道路，还有灌溉系统。游客们虽然看不到，但没有这些基础支持，就不会有今天岛屿的繁华和便利。

所以，美瑙岛真正成为一座花之岛"Flower Island Mainau"。这是伯纳多特伯爵一生的作品，也是他终身的成就。他去世后，他的五个孩子继续按照他的理念和思路在维护、建设这座美丽的岛屿。这些美瑙岛

▲ 用各类植物搭建的绿雕是立体花坛的重要组成部分

的历史和故事，在它的官网 www.mainau.de 都有详细的介绍。那么它的花园究竟如何？

我拜访的时间是 8 月初，当年欧洲很热，很多花园植物状态都不理想，不过博登湖的湖水保护着这里不被炎热包围，从进门处就可以看到大型的绿雕，沿途盛开的花境。在导览手册上可以看到美瑙岛在不同时节都有花可赏，春季有三色堇、紫罗兰、雏菊、勿忘我等草花，3~5 月是球根们的天下，比如洋水仙和郁金香等，5 月底之后则是杜鹃盛开、牡丹怒放；初夏开始，玫瑰们开始陆续登场；7~8 月的盛夏有绣球花和木槿这样的花灌木；9 月就进入了大丽花的王国。

美瑙岛除了玫瑰园是意大利风格的，还有一处震撼的景观是意大利阶梯花园。沿着轴心的阶梯其实是一个水景，两侧会在不同时节摆上不同的盆栽花卉，并且非常讲究配色。我看到的是各类菊科植物的搭配，以黄色和绿色为主。阶梯中心有水流汩汩地沿着山势从顶部流

▲ 美瑙岛是花的世界

下，直至湖畔再循环而上。这里高处是一个核心的制高点，所有的游客到此都热衷于拍照留念，可见大家都喜欢这一处景观。这种台地式的风格来源于意大利。无论自下往上仰望，还是由上而下俯瞰，风景都让人感到震撼，在我看来，这里丝毫不逊色于加拿大布查特花园中的下沉花园。

也因此我认为，大花园的景观设计一定是需要一个高度。这个高度

足以让人们能在其间俯仰。"你在桥上看风景，看风景的人在楼上看你。明月装饰了你的窗子，你装饰了别人的梦。"——这意境在景观中的运用也是一样的。

美瑙岛一共45公顷，说起来并不算太大，但若想走完全岛还是要花费一些时间的，更何况每路过一处景致，你都会想停留下来仔细欣赏。美瑙岛珍贵的树木、独特的景观还有很多，比如始建于骑士团时

▲ 顺着山势而建筑的阶梯水道是花之岛的一个亮点

▲ 黄色的主题花园：引用了很多黄色系植物来烘托氛围，映衬建筑

代的巴洛克风格城堡，它在贝纳多特伯爵时代得以修复。还有同为巴洛克式建筑风格的圣·玛丽亚宫殿教堂、种有数百种玫瑰的意大利玫瑰园……我这次限于时间，就没能走到每一个景点，就连岛上最著名的蝴蝶宫都没有找到。实在是因为美瑙岛的每一处都值得停留。

第五章
花园与酒店、民宿、酒庄

花花草草可以为我们带来清新的空气，营造优秀健康的生态环境，精心设计的花园还可以为餐厅、酒店、民宿、度假村、酒庄这些功能性建筑增添美感，营造出宁静幽雅的氛围。花园可以为游客们提供休闲活动的空间，在花园中漫步、野餐等可以让我们更充实地享受度假时光。花园可以是独立的空间，也可以是围绕功能建筑或与之交织、交融的自然空间。越来越多的酒店会重视园艺和花艺的设计，提升顾客体验感。

玛格丽特河入海口：一望无际的草海桐山坡

瓦特阁现在是一家精品酒店和餐厅

瓦特阁酒店花园——动力有机中的花园和菜园
Schloss Wartegg's Organic Garden
—A Model for Sustainable Hospitality

　　瑞士是一个天堂般的国度，有着无与伦比的自然环境，旅游业是特别重要的产业。瑞士被称为是世界旅游业的起源地，素有"旅游业摇篮"和"世界花园"的美誉。世界第一所酒店管理学校就诞生在这里。这个还不到 900 万人口的国家却拥有 60 多万张旅客接待床位，每年为世界 2000 万客人提供高水准、高品质的服务。

🔍　夏宫 / 动力有机 / 镰刀 / 从花园到餐桌 / 皇后

▲ 这座酒店位于瑞士圣加仑的郊外

发掘花园式酒店

在历史上，酒店业和旅游业是相伴相随的好伙伴。瑞士旅游局把酒店的分类和介绍做到了极致，比如有城堡酒店：可以让客人像国王一样过夜，像女王一样用餐，尽管没有君主制，但在这样的古堡酒店还是可以体验到这种感受。瑞士还有很多特色的农场酒店，入住这里白天可以去农田里开拖拉机，晚上体验睡在稻草上的感觉。

作为一名花园爱好者，我希望行程一路都是花草相伴，酒店也不例外，最喜欢选择的是花园酒店。这类酒店通常本身住宿品质较高，自带精心设计的花园或者紧挨着著名的花园，而且花园还是酒店引以为豪的部分，不仅仅是简单的装饰。花园酒店的花园，恰如蛋糕上精美的奶油霜，是吸引人们视线的第一要素。有花园的酒店可不少，但以花园闻名并负盛名的没有那么多。

瑞士旅游局官网为花园酒店单独开设了一个栏目，就叫做"gartenhotels"，在这里能找到一系列以花园闻名的酒店。

花园的基石是经济

在介绍本篇花园之前，请让我先介绍瑞士圣加仑这座城市，它依偎在博登湖和森蒂斯峰之间一片翠绿的阿尔卑斯山谷，是瑞士东北部地区的中心。从苏黎世出发，车行一小时就到了博登湖畔的这座袖珍都市。主城区附近有一座大教堂，巴洛克式建筑，气势磅礴；还有一座建于1758年的修道院图书馆，庄严典雅，翻飞的图案和浮雕直至现在也令人震撼。小城建筑的阳台飘窗都很有艺术特色，各有不同。这里从中世纪到19世纪都是重要的纺织城镇，也曾是刺绣中心，直到现在都还是供应刺绣和蕾丝的重要城市。当年富裕的美国商人专程来到瑞士东部的这座城市购买最奢华的纺织品，为了向他们致敬，圣加仑的居民用英文命名自己最宏伟的住宅和办公楼。漫步在这里，就好像漫步在古老的画卷之中，你能看到修道院的富丽堂皇和城市丰富多彩的纺织业遗产交相辉映。这里更著名的是文化教育：圣加仑是西方中世纪的教育和艺术中心。著名的圣加仑大学1898年就成立了，以精英教育而闻名，被誉为"欧洲的哈佛大学"。

花园是经济文化交相辉映的产物，它带有当时当地的文化和特征。所以这样一座有着深厚文化底蕴的城市拥有同样深刻内涵的花园也很容易理解了！

瓦特阁城堡酒店（Schloss Wartegg）离市中心并不远，隐藏在圣加仑郊外的森林深处，也被称作"博登湖上的童话城堡"。我更关注的是这里的花园。这是一处皇家森林古堡，始建于1557年，英式景观花园始建于1860年，最早这里属于一位公爵夫人，她将这里作为躲避政事的地方，之后逐步扩大城堡的范围，并修建了漂亮的英式公园。后来她的孙女齐塔（Zita）嫁给了奥匈帝国的继承人，成为奥匈帝国最后一位皇帝卡尔一世的皇后。

1994年之后，这里被精心改建为一座静谧优雅的度假酒店，翻修过的历史建筑扫去历史的尘埃和色彩的陈旧，明亮且明媚，有着高品质的餐厅和特别的花园。虽然酒店本身只有三星，但它的花园远超这个星级，曾经获得过很多专业园艺评选的奖项，也因为周边的环境和这里的花园，酒店入选瑞士最美丽的7家城堡酒店；有媒体也介绍这里是全世界花园爱好者都喜欢入住的酒店。十字形的药草园和蔬菜园是这个占地9公顷的城堡花园中最诗意的亮点。这座公园现在是瑞士的国家园林遗产。

穿过静静的森林小道，有一个精美的花园纪念碑，当年皇后齐塔曾经在此间散步；这里还有彩色的蜂房，你会看到采蜜归来的蜜蜂，还有欢快的溪流沿途随行；除了有令人惊叹的风景，还有一个表面看不到的亮点，那就是强调动力有机的理念。所以我对这座花园深刻印象并不仅仅因为它的颜值，而是因为它的内涵。

▲ 瓦特阁的建筑风格融合了文艺复兴风格和巴洛克风格，外观宏伟壮丽，内部装修精美，保留着很多历史元素

耕作的自然农法

瓦特阁酒店包括周边的英式森林公园和一座德米特（Demeter）花园。这座花园讲求自然活力有机农耕，并且得到过德米特有机认证——这是欧美有机认证中的最高级别，人们甚至把它叫作"有机中的有机"。德米特是古希腊神话中农业、谷物和丰收的女神，奥林匹斯十二主神之一。她教会人类耕种，给予大地生机，无边的法力使土地肥沃、植物茂盛、五谷丰登，也可以令大地枯萎、万物凋零、寸草不生。欧洲也很早就认识到有机耕作对人们的重要性。当我们才刚刚接受有机的理念，德米特已经将有机的定义提升到了另一个高度。园艺其实是含在农林业的领域中的，只不过农业致力于解决人类温饱，而园艺则属

于艺术审美加持的范畴，但它们共同的基础都有种植这块内容。

德米特产品必须遵循自然活力有机农法（Bio-Dynamic 简称活力农耕，又译为"生物动力农业"或"活力有机农业"）整套从农业生产、加工到最后包装的严格标准。所以有时候国内人们也把这套体系称作动力有机或活力农耕。到底什么才是活力农耕呢？这个比有机更上一层楼的体系通过堆肥、液肥、绿肥、轮作、多样化种植以及自然的病虫害防治方法来营造一个平衡和谐的生态，顺应大自然的节律，通过一系列由天然材料制成的配方，为土地和作物提供顺势治疗，来增强土地和作物的活力。

这套体系的思想源自于德国著名哲学家和出版家鲁道夫·斯坦纳。他强调"繁荣农业的人文基础"，其范围不仅仅局限于耕作，还包括教育、艺术、营养和宗教，是一种全方位的思想体系。比如就施肥而言，混合于堆肥中或喷洒在土壤中的生物动力制剂是由多种草药制成，比如蒲公英、松果菊、缬草、荨麻、栎树皮等，因为它们可以促进堆肥的腐熟，提高堆肥对土壤和作物生长的效果，可以刺激植物吸收太阳和宇宙的能量。这套理论主要流行于德国、奥地利、瑞士这些欧洲国家，近二三十年来在我国台湾也特别盛行。

瓦特阁的这座德米特花园就是欧洲生物动力耕作的经典代表，通过和酒店园丁的交流，我了解到这里格外强调种植本身，以各类可以食用的蔬菜、花朵为主，种有500多种草药和蔬菜。我相信这座花园最美的季节是在春天，当然秋天的收获一定也是另一个欣喜的季节。这里强调自然与人类共生、善用自然的能量、尊重四时的运作，并致力于恢复土壤的活力。瓦特阁的园丁不使用农药和化学肥料，他们认可古早肥，并且在花园中用自己修剪下来的枝叶进行自然堆肥处理，所以你有机会去到这里，如果遇到花园中劳作的园丁，一定别忘了和他们攀谈两句，他们真的是脚踏实地、亲自实践过的专业人士。就连这里的厨师也是杰出的园艺专家，酒店为客人组织这样的园艺活动：他们会亲自带领你来一次宫殿花园的野草之旅，在酒店周围探索各种野菜和野草。

现代酒店的传统农课

瓦特阁德米特花园返璞归真是认真的，不是在为营销而卖弄虚无的概念。它们从各地邀请各类专家在花园里开设相关课程，比如有一次的课程是镰刀的主题。酒店邀请了来自瑞士山区的镰刀专家，带领大家学习如何打制一把锋利的镰刀。现在哪儿还用得上镰刀呢？其实我们的花园中还是很需要的，所以参加这个课程的人真不少。这种工艺和其他工艺一样，看起来很简单，但事实并非如此。用锤子敲打镰刀刀刃的边缘，直到只有十分之一毫米厚。如果敲太用力，钢材会破裂，如果太轻，镰刀片不会形成。瓦特阁通过这样的课程让人们了解过去的制作过程，并且教会大家在现代社会，在我们自己的花园中如何运用这把传统的锋利工具。

瓦特阁动力有机花园不仅是为了客人欣赏享受，还有重要的功能，那就是为自己酒店的慢食餐厅和有机厨房专供菜蔬、包括香草和药草制作成特别的饮料。获得德米特认证的食品，可享受全球公认顶级品质的尊荣。用这么好的食材，怎能不出品优秀的美食呢？这家酒店的餐厅被认为是该地区最具创新性的餐厅之一，是当地有机美食的标杆，因此被"高勒·米罗美食指南"（Gault Millau）授予13分（最高得分为20）也就不奇怪啦。至于酒店本身，它曾被媒体评为欧洲七家最浪漫的蜜月酒店之一，也是瑞士最美丽的城堡酒店之一。2019年瓦特阁酒店还获得了TripAdvisor颁发的最高奖项"旅行者之选"奖。

我们的生活时不时会遭遇到阴云。本书讲述的很多花园可能远在万里之外，但它蕴含的理念不知对你现在的生活是否有启发呢？自然带给我们能量和生机，这是毋庸置疑的，从自然中寻求健康疗法是有效的，不如试一试亲自耕作种植，将心灵心情充分融入到花园中，静心体验，会有效果的。

玫瑰民宿——绿荫深处的浪漫花园
The Rose Bed and Breakfast
—A Romantic Getaway

　　每次出门旅行，我对住宿总是格外关注，干净整洁是基本条件，如果附加一座美丽的花园，那更是锦上添花。欧洲有很多这类迷人的花园式住宿，因为拜访比利时很多次，这里的花园民宿是我特别喜欢的。住进他乡精致的花园是非常棒的体验，不仅可以享受室内的舒适，还可以享受到花园的晨曦与日暮。

🔍　民宿 / 玫瑰主题 / 花园迷宫

▲ 民宿的正面是规则对称的法式花园：黄杨绿篱和玫瑰是主角

有一天比利时旅游局的好朋友非常兴奋地告诉我，她的日本同事推荐了一座在布鲁日附近的花园式民宿，非常漂亮，是玫瑰主题的。我搜到网站后发现真的太惊艳了，这家民宿是复古风格，花园好像有很多座，因为每一张图片都是不一样的角度。等到真正入住的时候，我们开心极了，因为确实是发现了一座宝藏的花园民宿。自此每年再去比利时，我都争取能去住几晚。

这座花园叫做 Loverlij，英文的意思是 Green & Water in the Shadow。它的位置很好，位于布鲁日郊外平坦的田园之侧，但并没有远离城市，距离市中心仅 8 千米。驶过 200 米长的乡村之路，进入这座被河流环绕着的庄园，鸟语花香之中，这里的花园真的让人惊叹，第一次拜访的时候，就好像爱丽丝掉进了兔子洞，每一个空间都能感受到主人的精心设计和布置。花园简直就像是一重又一重的迷宫；玫瑰拱门引导你穿过一座花园，又进入另一座花园；2公顷大的面积中，用来住宿的房间只有珍贵的 7 间。在主屋的客厅里，摆放着各国、各类杂志对这座花园和民宿的报道和介绍。

Loverlij 的主屋正面是一座非常典型的法式花园，种植着非常规则的黄杨绿篱，布局成几何形，孩子们来了都喜欢在这里钻来窜去。而围绕主屋还有更多面积的土地，主人把它们分割成了很多小的花园，风格各异，但又非常和谐地相互呼应。有的像一座户外的舞台，有的像一间私密的玫瑰房间，有的又像是一座户外的会客室……每一座都有不一样的装饰，形成了不同的主题，让人觉得主人的设计太有心了！这座庄园的女主人 Lies 是一位年纪略大，但却很有活力的精干女士，我每次去入住的时候她都在花园里推着小车忙活

着修枝剪叶。很难相信，这么大的花园，她只有一位帮手在协助打理，大部分时间都是亲历亲为。

有一年，我和国内的《看到花园》摄制组去拍摄她的花园，访谈时问到女主人是什么契机、如何建造这座花园这个问题时，她告诉我们说自己是在丈夫去世两年后开始重新振作起来，一点一滴地开始建设这座花园，她自己不是设计师，也不是园艺家，只是因为喜欢，亲手设计并建造、种植了这座花园。她说这座花园没有图纸、没有规划图，所有的布局和设计方案都在自己的脑海中。她一点一点、一年一年，慢慢地完成了整个花园，花了20多年时间。怎么想到开民宿的呢？Lies 说丈夫去世后，收入减少，她开始改造这处农庄，为了养活自己，也为了维护这么大的花园，她尝试把农庄的房间按照自己的审美布置好，开办了 Loverlij 民宿，受到了很多客人的喜欢。

Lies 没有加入比利时的开放花园（Open Garden）系统，之所以没

▲ 每一扇窗户都对应着不一样的风景

有将花园对外开放，是为了不打搅来这里住宿的客人，也希望把美丽的花园只留给自己的客人尊享。每天早晨她会亲手为客人们布置丰盛的早餐，餐具也是复古的，摆盘非常讲究，也特别精致。普通的酸奶和水果，她都能搭配上不同的器皿，摆出很优雅的造型。这里的房间每一间都不一样，有几套还拥有自己独立的小庭院。女主人喜欢玫瑰，不仅花园里种满玫瑰，房间里很多元素也都用了玫瑰的图纹，窗帘的挂钩，沙发的布艺，下午茶壶和杯盘，就连挡门石也是一朵玫瑰的造型，

卫生间的洗手液也是玫瑰香气的。房间里面的布置每一件都非常温馨、非常浪漫，很复古的乡村气质，从窗帘到床品，一切装饰并非花枝招展，而是淡淡的，让人能全身心沉浸在柔和浪漫的氛围中。已经有很多家居类杂志刊登过这里的房间装饰。每年很多客人从各个国家慕名而来。当然，有更多的花园杂志介绍了 Lies 的花园，我发现她这两年把主楼的窗户粉刷成了温和的草绿色。而 2017 年春天版的《SEASONS》杂志中，这些窗户和门是亮丽的宝石蓝色。

▲ 从空中俯瞰这座民宿能清晰地看到花园的布局

▲ 民宿的主楼隔几年会粉刷成不同的颜色，也就有了不一样的气场

云峰山童话树屋最初是浪漫的气质

密云云峰山——从薰衣草庄园到童话树屋
Yunfeng Mountain in Beijing—
From Lavender Fields to Fairytale Treehouses

　　从北京城区出发，驱车两个半小时就可以来到云峰山（www.yunfengshan.com）。这里属于密云的不老屯镇，山脚下的村子有一点破落，但却有一个诗意的名字——燕落村。最早这里的路坑坑洼洼，现在已经修得非常顺畅了，沿着山路盘旋而上，一路只是寻常山景、普通村陌，看起来并没有什么特别之处，因为这样的山岭在北京郊外多着呢！所以第一次来的客人也很难想象山顶会是什么样的一片空间呢。

🔍 山顶花园 / 薰衣草花田 / 童话树屋 / 野奢帐篷 / 禅院 / 香草花园

很多年前我第一次去拜访的时候，非常诧异于这里的景致与山脚下村庄强烈的对比。二十年前，因为山上有座破败的千年古刹，召唤来了台湾的佛学会有缘人接手这个完全不为人知的萧条景区，团队逐步将它改造成有禅院和花田的景点。那时候薰衣草在北京几乎没有。云峰山从伊犁引进了狭叶薰衣草，并攻克了它们在北京过冬的难题。于是，薰衣草花田成为云峰山的一个亮点。每年6~7月是薰风吹拂的季节，也是云峰山花田最美的季节。而我和花友们，都是被薰衣草吸引而来。很难想象，在海拔600米的山顶会有这样一处浪漫的所在。不过现在，云峰山最著名的不再是薰衣草而是童话树屋。

从台湾到密云

从台湾到京郊的密云深山，需要几千千米，要飞行3个多小时！然而梦境却没有如此遥远，一眼万年。云峰山现任庄主曾经和我细细讲述过云峰山景区始建的缘起故事。庄主的母亲昆兰老师，是台湾著名的花道大师——日本草月流派的特级师范（最高等级的老师），她笃信佛教，也是台湾中华药师山居士佛学学会的会长；20世纪80年代的某日，她梦见来到一处深山，这里有一座千年古刹，但已经破败不堪……此后不久，她有机会来到北京，在潘家园邂逅一位修行的师傅，提到梦境中的这座古刹，于是师傅带着她来到云峰山脚下。只见眼前一座荒废的隋代古刹，名为超圣庵，眼前的山门破败、台阶恰如梦境。远道而来的居士感到无比凄凉。

昆兰老师自此后经常梦到超圣庵古刹被供奉在花丛之中，如净土中的楼阁；为让有缘的人能用心灵领略一下世外桃源的清净地，她发愿希望修复超圣庵，愿以超圣庵圆此一生之梦，建立清净之地。从1999年开始的十多年来，她联合台湾的同行朋友，为这座始建于隋唐年间的千年古刹做了大量修复工作；这里有北京地区最古老、规模最大的摩崖石刻群。这里曾经香火旺盛，1942年毁于战火。

▲ 在云峰山可以直接俯瞰到整个密云水库，湖中有郁郁葱葱的绿岛，仿佛住着神仙。

2003 年，昆兰老师从台湾退休，即刻动身来到云峰山，着手建设这里，她和其他 8 位董事成为这里的主人，他们专门成立了公司来运营云峰山景区，在 2003 年之前，云峰山没有像样的路，不能通车，所有运输都靠用骡马、人力、畜力来完成。到了 2005 年，经过多年的努力，大家终于将云峰山不毛的黄沙地转换成了绿油油的青草地，有花有水的美妙景观开始初现雏形，蜜蜂和蝴蝶也

随之出现。而那传送千年的晨钟暮鼓也得以恢复——那些在过程中付出的心力，昆兰老师觉得艰难之处非笔墨可形容。

2005 年专修园艺的儿子也硕士毕业，虔心向佛的母亲问他：可不可以在超圣庵周围种些花草，以便供佛？于是，从种花供佛缘起，用薰衣草花田来吸引游客上山的方案开始一点点落实。经过多年的规划、设计和坚持，云峰山焕然一新。作

▲ 薰衣草花田是这里最早的网红打卡地，每隔五年会重新更换一批薰衣草

为当时北京唯一的一块高山薰衣草花田，我和花友们也因此被吸引而来，从请教种植薰衣草开始，认识了年轻的庄主，见证他和团队如何一步步将云峰山建成一座有气质的山顶酒店。

薰衣草的梦田和树屋的童话

虽然北京郊外的景点有数百处之多，但云峰山完美地融合着自然与人文的气息；游客在这里可以登上不知有天涯的"无尽意台"，可以纵观远处湛蓝的密云水库全景、其上漂浮的小岛让你相信那里应该住着神仙；周围群山环抱，巨石松荫，还可以探访翠丛深处的"观音洞"。由于临密云水库，所以山上经常会起雾，这让山林更有了云深不知处的意境。

为了给跋涉前来礼佛的人歇歇脚，最早这里盖了几间朴素的禅院，晨钟迎旭日，暮鼓静山林。东禅院和东净院先后修筑，以便为拜佛游客提供住宿。除了有景区的工作人员服务，还有很多志愿者会在周末来云峰山帮忙。禅院下方有茗园餐厅，为客人们提供来自台湾的各种素餐；而茗园前的大草坪非常受孩子们欢迎。这里有古老的柿树、核桃树，还有放养的白兔轻快地掠过。客人们最爱坐的位置是紫藤架下的品茗处。在这里就可以极目四眺，上有恋恋之藤荫，下有清馨之草地、碌碌之水车，人们坐在此处顿有心静之感。云峰山非常重视为人们提供心灵深处的静养——只看这里的居所名称就能感受到这份雅致："茶琴居"、"耕读地"、"宝茗园"等，让人好像进入了一幅长长的自然派诗书画卷。

据说最早爱来此地的多半是有佛心的潜修人士，而云峰山的"梦田薰衣草园"更吸引向往浪漫的年轻人。花田位于云峰山的一处平坦之地，最初这里只有乱石和杂草。在山顶开垦的代价很高，云峰山是石英岩地质构造，所含土壤很少，所以花田的泥土都是从山脚下一车一车拉上来的。花田十余亩，每年六七月氤氲出紫色的迷人气息，这里景色四时不同、气象万千。薰衣草的色彩朝暮变幻，香气迷人；常常可以看到小孩子们在花田中奔跑，

沉醉不忍归去。花田欢迎所有人深入其中，感受薰衣草的无穷魅力；有很多处标志牌上特别写上欢迎游客抚摸薰衣草的字句，让人们感觉非常亲切。庄主收集全世界各种薰衣草进行测试和驯化。有一年还引进了日本北海道的薰衣草，据说每年8月开花，但大多数没能熬过北京干旱的寒冬。一直以来，庄主总是非常欢迎我和花友们去山上组织活动，有关花草和花园的各种主题。不过现在，我组织的活动主题已经由花园变成了亲子——因为云峰山的童话树屋兴起，吸引了更多亲子家庭来住宿。

云峰山的树屋和木屋现在是最吸引大家的元素。因为来这里拜访的客人多了，为了不占用林地，云峰山尝试在橡树上、松涛中搭建可爱的松木小屋，并配以高品质的房间设施，星级标准，每一座木屋都用一个童话故事的主人公来命名，很快童话树屋受到了市场的欢迎，很多小朋友都喜欢来这里。

最初山上只是试探性地建了一

座双层松木屋，屋里有两棵树穿过——一棵是巨大的油松，一棵则是有着漂亮叶色的栎树，分别穿过树屋的居室和阳台，非常有感觉。每到薰衣草花季的周末，树屋是最先被抢订的房间。作为好朋友，我曾担心地问庄主：这么偏远的地方，树屋这么高的价格，能行吗？记得当时庄主非常肯定地说：没有问题，在中国，人们不缺钱，而是缺高品质的产品而已。事实证明，从第一套树屋，到后来的十几座依山而建的木屋和城堡，这两年还增加了一泊二食的野餐帐篷，都受到了市场的热烈追捧。节假日总是一房难求。

小樱桃班上的小朋友比较幸运，庄主总是特批我可以包场。于是每年我都组织孩子们来这里进行不同主题的活动，比如自然、旅行、音乐等。每次来云峰山，没有作业没有课外班，只有歌声和笑声。这里的滑梯房最受欢迎了，每一座木屋都不一样。孩子们呼吸着自由的空气，窜来窜去拜访每一棵树、每一栋树屋，还有高高的城堡和好听的风铃声。夜幕就要降临的时候，森林音乐会就会开始，孩子们次第登上舞台，天真的笑脸在天幕下熠熠生辉，云峰山童话树屋在他们的童年留下了快乐的一站。

▲乐梵缇香草小铺前面的花园是客人们喜欢的地方

巨大的鹅耳枥绿篱不知生长了多少年才能长成这样？

王子酒店花园——鹅耳枥之碗
The Prince's Hotel —A Garden Oasis in the Shape of a Hornbeam Bowl

　　格罗宁根是荷兰北部的城市，距离阿姆斯特丹 160 千米。虽然是荷兰的最北部，可是交通很便利。它是仅次于莱顿的荷兰最早的大学城之一。格罗宁根大学（University of Groningen）成立于 1614 年，是欧洲最古老的大学之一，风光秀丽、气候宜人，每年夏季是这里的旅游旺季，很是凉爽。有好的气候、好的人文一般都会有精致的酒店、美丽的花园。在这个城市的中心区域，有一座特别的酒店普林森霍夫酒店（Prinsenhof Hotel），它曾经是修道院、军事医院、监狱，现在则是一家自带花园光环的特色酒店。2017 年，我慕名拜访。

🔍 鹅耳枥 / 树篱 / 酒店花园 / 修道院 / 历史建筑

普林森霍夫酒店就在城市中心，不远处就是格罗宁根市的地标马提尼塔（Martinitoren），仅一箭之遥，马提尼塔坐落于格罗宁根市中心，于 1482 年建成，高 96.8 米，是当时欧洲最高的建筑。每到周末，广场附近还有特别热闹的市集；酒店旁边还有运河，站在河边就能看到来往的船只，人们坐在船头喝着啤酒，真是好生惬意。格罗宁根纪念碑基金组织 (Groninger Monumentenfonds) 将普林森霍夫酒店 (Prinsenhof) 描述为格罗宁根市最美丽的建筑之一："我们完全同意。很少有建筑能像这座纪念碑一样讲述这座城市的历史。"

普林森霍夫酒店的历史可以追溯到 15 世纪之初，这里最早属于一个宗教团体所有，到 16 世纪末这里成为拿骚总督的官邸，这也正是 The Prinsentuin 名字的由来，我们也可以将它翻译为王子酒店。花园最初是修道院的一部分，用于种植食物和药草。拿骚王子来了之后，修道院变成了总督府。花园开始重建。由总督威廉·弗雷德里克（Willem Frederik) 和他的妻子阿尔贝蒂娜·艾格尼丝 (Albertine Agnes) 设计而成。花园被改造成了更正式的景观，并添加了喷泉、雕像和凉亭。花园中用红豆杉绿篱拼出了字母 W 和 A，这是当时的总督及夫人名字的首字母。Prinsentuin 还设有玫瑰园、药草园和美丽繁茂的绿篱小路。之后这里还曾经被用作法国军队的医院、军营，经过几个世纪，一直到 2005 年，这里被建筑师 Jurjen van der Meer 和他的团队改造并彻底翻新。2012 年这里成为一家四星酒店，但它的花园绝对是五星的。现在我们可以作为游客入住这里，并享用其精致高级的咖啡厅和餐厅。由于是百年建筑改建而成的，所以这座四星级酒店 34 间客房各不相同，体现在尺寸、布局和历史细节，但里面都是现代化的设施。我去的时候入住了最顶层的复式阁楼套房，这是一间俯仰皆是风景的房间，不仅能看到其中百年历史的木横梁，而且可以俯瞰楼下酒店巨大的花园。

这座花园是荷兰文艺复兴时期最纯粹的代表之一。它的设计规整、庄严大方，对称式格局，其中以鹅耳枥绿篱（Foliage Corridors）形成了巨型的碗状结构，是花园最为震撼的架构；目测至少有 4 米高，所以无论从酒店房间往下俯瞰还是置身其中，都觉得气势磅礴。花园内的灌木与草花配植精妙，透过不同的角度能体验到不同的景色。

Prinsentuin 的设计受到了意大利花园的影响，但也融合了荷兰的风格和特点，对称式布局是重要的特点，花坛、草地、小道和喷泉水池都遵循着几何的分布，方形、圆形、长方形都增加了花园的整齐感、美观度。修剪整齐的灌木和低矮的植被用来创造装饰性图案和边界，季节性草花能确保花坛在不同季节都有美丽的花朵盛开。

虽然 Prinsentuin 花园有一堵围墙围合，属于酒店所有，但它的花园之门每天日出开放、日落关闭（10：00 ~ 18：00），是一个对公众开放的花园，白天的时候即使不是酒店的客人也可以信步走进去参观。花园单独设有一个咖啡角，为慕名而来的游客们提供休憩的好地方。

酒店还有一处建于 1731 年的日晷门，它以多种方式向世人显示着时间，日晷上方刻有拉丁文字："过去的时间微不足道，未来的时间不确定，现在的时间很脆弱——不要浪费你的时间。"当你步入其中不禁会想：它看起来和过去一模一样吗？不完全的。多年来，花园年久失修，直到 20 世纪才根据旧图纸重新布置。玫瑰园、药草园和绿树成荫的走廊，描绘出往昔王子们如何在阳光下度过一个下午的特别景象。时间过去了数百年，王子公园中童话般的绿色小径可以让现代的你感受到当年的氛围。

现在的 Prinsentuin 还因一年一度的"露天诗歌节"而闻名，每年 7 月中旬，来自荷兰各地知名和不知名的诗人都聚集在这里，进行为期两天的诗歌朗诵和文学交流。我想，在这样与天地同在的绿篱花园之中，一定别有一番思绪在诗人们心头吧。

西澳大利亚州天鹅谷附近的酒庄：Sittella Winery

西澳的酒庄花园——红酒花园之路
The Wine Garden Route— A Journey
Through the Vineyards of Western Australia

　　对于遥远的澳大利亚的西澳大利亚州（西澳），不仅中国游客去得少，很多澳大利亚人也还没有去过，因为它相对于悉尼、墨尔本这类主流城市，显得很遥远。占澳大利亚总面积 $\frac{1}{3}$ 的西澳，远离尘嚣，孤独却并不寂寞——因为全世界最大的野花群落就在这里。

🔍　野花盛放之地 / 珀斯 / 西澳大利亚亚洲 / 酒庄 / 花海

西澳是我们这些植物爱好者、自然爱好者的梦想之地。有 12000 多种植物在西澳的各处生根、发芽、开花，为世人呈现出独一无二的植物展览——这里拥有自然界的生物多样性盛大展览，广阔而壮丽，其中 60% 的野花品种是这个星球的唯一。那些粉色、白色和黄色的永生蜡菊和蜡花，蓝色和紫色短尾雏菊，以及花型别致的红色花环花……无数叫不出名字的野花野草，具有重要的生态意义，仿佛是大自然为了庆祝冬天的结束，野花犹如燃烧的绚丽彩毯从北向南，一路绵延而下。不知它们在此花开花谢了多少年，只知每一次开放都如火如荼、倾国倾城，它们用尽全身的能量，仿佛明天不再到来。

西澳的野花盛放季通常延续 6 个多月，每年 6 月起，从北部一路往南席卷西澳大地。9 月，首府珀斯的各大城市公园中，包括拥有 3000 多种野花物种的花卉天堂——国王公园在内，以及天鹅谷绵延起伏的山丘上，都开满了五颜六色的花草。10 月，在生物多样性的热点地区——玛格丽特河地区，盛放季迎来了艳丽的尾声。这里位于西澳的西南处，盛放的野花与世界一流的葡萄园交织在一起，形成了无与伦比的壮阔景色。2023 年 10 月初，我有幸受西澳大利

▲ 航行者庄园以高品质葡萄酒闻名

亚州旅游局的邀请去往珀斯及西南部旅行，这次拜访的主要目的地是玛格丽特河地区，最大的收获不仅仅是领略到这些野花，还发现了一条独特的酒庄花园之路。

西澳是地中海式气候，这里有温暖的夏季和凉爽的海风，很像美国的加州和南非，所以植物品种也很接近。玛格丽特河地区在珀斯以南，这里的气候、土壤、水质都很适合葡萄的种植，三面环海，气候稳定，几乎没有霜害，1967 年，菲力士酒庄（Vasse Felix）开始在此种植葡萄，标志着该地区葡萄酒工业的开始。此后西澳的酒庄开始发展并迅速成为了新世界的葡萄酒重镇。

美酒美食是西澳引以为傲的特色。我的西澳之行中，很多次午餐都在附近的酒庄，这带给我很多惊喜。因为这些酒庄无一例外都拥有着宽阔的草坪和美丽宁静的花园。尽管很多葡萄园为了防止病害是禁止游客进入的，但花园总是敞开着欢迎大家的。为了能让客人品尝到美酒，很多酒庄会附带一座餐厅，

这里的'长相思'、'赤霞珠'、'霞多丽'、'梅洛'也都是非常盛名的葡萄酒品种。花园都是正对着餐厅的，可以让客人在品鉴美酒的同时也能欣赏到美丽的花园。

尽管我不懂品酒，但略懂花园。在西澳的酒庄花园中最喜欢的是"航行者庄园"。尽管只在这座酒庄待了不到一小时，对花园也不过是惊鸿一瞥，但如果一定要排名，这座酒庄的花园之美在我所拜访过的酒庄中一定是名列前茅。航行者庄园创建于 1978 年，最显著的特征是运用了荷兰开普建筑风格，酒窖和周围建筑的灵感来自南非开普地区的荷兰农场。荷兰人一度是海上霸主，它们到处抢占土地，也因此把自己的风格带到了世界各地。航行者庄园花园的设计是由本土景观大师玛丽恩·布莱恩威尔（Marion Blackwell）和两位南非设计师伊恩·福特（Ian Ford）和迪恩·布伦霍斯特（Deon Bronkhorst）联袂完成的，1996 年就建成，但到 1998 年才正式对游客开放，因为设计师认为当时植物和树木状态还不太成熟，

因此推迟了两年。

开普敦荷兰美学给该地区带来了独特而永恒的东西。整个庄园的墙壁粉刷着白色，建造细节一丝不苟。白色的建筑和青翠的花园融为一体，具有一种非凡的吸引力。创始者坚定地认为：这种风格一定会吸引来此参观体验的游客，也将有助于客人增加对酒庄的好感。航行者庄园有独立的玫瑰园、法式花园、玫瑰拱廊步道，就连葡萄园也点缀着鲜花。那些排列在葡萄植株最前方的玫瑰们不仅有装饰的功能，更重要的还是起到预警病虫害的作用，如果葡萄园有病虫害，玫瑰们会最先表现出来，引起主人的注意并开始提前预防。航行者庄园的葡萄阵列中还套种着紫色的草花，起初我们以为是苜蓿，后来发现其实是野豌豆。一行葡萄一行紫红色的野豌豆，看起来很像薰衣草的效果。苜蓿和豌豆都能起到固氮的作用，它们也是天然的绿肥，能帮助土壤保持健康、增加肥力。

有趣的是这里的草坪。航行者庄园的草坪如此完美，以至于很多游客会蹲下身用手来抚摸草坪，看看是不是真的。但自从庄园转向有机园艺以来，新一代庄园主人认为"我们必须学会接受不完美"，因为如果没有化学药剂和肥料，根本不可能塑造出完美的、如绿色地毯般的草坪。庄园主说："我知道我父亲（Voyager Estate 创始人 Michael Wright，1937—2012 年）会感到失望——他总是对草坪感到自豪——但是时代变了，他应该也会变。"

玛格丽特河地区的酒庄星星点点，如同珍珠一般，在我看来完全可以连缀成一条葡萄酒花园之路。

1998 年成立的斯特雅酒庄（Sittella Winer）源于主人 1993 年的法国之旅，Sittella 是澳大利亚特有的一种雀鸟的名字，它在天鹅河谷随处可见。这种葡萄酒庄园的景观相当精彩，这是我所拜访过的第一座西澳的酒庄，还没有进门品酒，就被它的景观吸引了。这里的葡萄园有着天然的坡度，这给园区带来了绵延的景观效果。酒庄坐落在天鹅湖的上游谷地，就在宁静的山坡上，拥有自己的餐厅，还有一面倒影着葡萄园美景的湖泊。每一排葡萄前也都种植着玫瑰。游客们非常喜欢来这里品酒，而且还经常有婚礼在此举办。

西澳的露纹酒庄（Leeuwin Estate）也很漂亮，它是著名的西澳大利亚玛格丽特河地区的五个创始酒庄之一。1972年，传奇酿酒师罗伯特·蒙达维（Robert Mondavi）选择了这个理想的葡萄园地点，并与丹尼斯·霍甘（Denis Horgan & Tricia Horgan）夫妇一起，帮助他们将养牛场转变为露纹酒庄。露纹酒庄的餐厅位于二楼，穿过一座爬满着薜荔藤的门头就可以进入餐厅，好像进入了一个美酒的世界。这座酒庄的楼下还有很多艺术范十足的展览。巨大的草坪每年2月会举办盛大的户外音乐会，来自世界各地的优秀音乐家应邀来到酒庄，足可让艺术与美酒干杯。

我在有限的时间中拜访了西澳的好几座酒庄，人们享用那里的美酒，我更享受那里的花园，如果未来你有机会去往西澳，不妨将美酒、美食和美丽的花园结合起来，走一条与众不同的酒庄花园之路。

▲ 西澳的航行者庄园被葡萄园和花园簇拥着

▲ 角对角山道有着全世界顶级的徒步线路，这里面对着浩瀚的南大洋，沙滩旁摇曳着自由生长的紫色勿忘我花

图书在版编目（CIP）数据

到花园去 / 蔡丸子著 . 一北京：中国林业出版社，
2024.6

ISBN 978-7-5219-2593-7

Ⅰ.①到… Ⅱ.①蔡… Ⅲ.①花园 - 介绍 - 世界

Ⅳ.① TU986.61

中国国家版本馆 CIP 数据核字 (2024) 第 026006 号

到花园去

著者：蔡丸子

出版发行：中国林业出版社（100009 北京市西城区刘海胡同 7 号）

电话：010-83143565

印刷：鸿博昊天科技有限公司

版次：2024 年 8 月第 1 版

印次：2024 年 8 月第 1 次

开本：170mm x240mm 1/16

印张：15

字数：220 千字

定价：98 元